蛋白质结合位点预测及辅助分子对接

Protein Binding Site Prediction and
Auxiliary Molecular Docking

邱智军　著

化学工业出版社

·北京·

内 容 简 介

蛋白质结合位点的识别对深入理解蛋白质的生物学功能具有重要的意义。本书致力于从描述特征、残基定义和数据筛选三个方面进行优化，从而构建蛋白质结合位点预测的有效方法，主要内容包括基于氨基酸组成偏好的配体结合口袋识别方法、使用随机森林方法进行蛋白质结合位点的预测和基于数据聚类的蛋白质结合位点识别，并在此基础上介绍了相关的辅助分子对接应用研究。

本书可作为生物信息学及计算机辅助药物设计等相关专业研究生、教师和科研人员的参考用书。

图书在版编目（CIP）数据

蛋白质结合位点预测及辅助分子对接/邱智军著. —北京：化学工业出版社，2021.2（2022.9重印）
ISBN 978-7-122-38315-0

Ⅰ.①蛋… Ⅱ.①邱… Ⅲ.①蛋白质-研究 Ⅳ.①Q51

中国版本图书馆 CIP 数据核字（2021）第 002323 号

责任编辑：张　赛　　　　　　　　　　　　装帧设计：韩　飞
责任校对：王素芹

出版发行：化学工业出版社（北京市东城区青年湖南街 13 号　邮政编码 100011）
印　　装：北京科印技术咨询服务有限公司数码印刷分部
710mm×1000mm　1/16　印张 10　字数 169 千字　2022 年 9 月北京第 1 版第 3 次印刷

购书咨询：010-64518888　　　　　　　　　售后服务：010-64518899
网　　址：http://www.cip.com.cn
凡购买本书，如有缺损质量问题，本社销售中心负责调换。

定　价：88.00 元
版权所有　违者必究

前　言

　　蛋白质之间的相互作用驱动着大多数细胞机制，包括信号转导、新陈代谢和衰老等。识别介导这些过程的表面残基，即蛋白质结合位点，对于药物分子设计等诸多领域有着重大意义。此外，结合位点的相关信息还可以帮助计算生物学的其他领域，包括蛋白质-蛋白质相互作用网络构建和模拟对接。然而，目前常用的实验测定方法，如实验性丙氨酸扫描突变和晶体复合体测定，既昂贵又耗时，这种方法也只考虑被检查的复合体位点，而忽略了参与其他相互作用的不同位点，故而其应用存在局限性。探索有效的蛋白质结合位点预测方法，已成为蛋白质结构与功能研究以及理性药物分子设计应用的前提和关键。

　　本书主要从描述特征、残基定义和数据筛选三个方面进行优化，从而构建有效的蛋白质结合位点预测方法，内容包括四个部分，基于氨基酸组成偏好的配体结合口袋识别方法、使用随机森林方法进行蛋白质结合位点的预测、基于数据聚类的蛋白质结合位点识别，以及蛋白质结合位点预测辅助分子对接。

　　本书的出版得到了国家自然科学基金-河南联合基金项目（基于蛋白质分类和残基定义优化的蛋白质-蛋白质相互作用位点预测，项目编号：U1404307）和河南科技大学博士科研启动基金（项目编号：13480032）的支持。由于本书内容相关的参考文献较多，难以一一列出，在此向相关作者致敬。

　　由于作者学识水平和视野所限，加之本书成书时间仓促，书中不足之处在所难免，恳请广大读者批评指正。

作者

2020 年 9 月

目　录

第 1 章

绪　论

1.1　引言

蛋白质参与或介导了细胞的绝大多数功能。这些复杂的大分子表现出了极大的多样性，足以使它们有能力执行生命相关的各种各样的活动。事实上，没有任何其他生物分子能够替代过去数亿年中蛋白质所承担的功能。

对于研究蛋白质结构的人来说，理解和描述这种分子的多样性是一个很大的挑战。1958 年，当第一个球蛋白三维结构（the oxygen-storage protein my-oglobin）解析出来后[1]，John Kendrew 和他的同事写道："这个分子的最大特征就是它的复杂性和非对称性，这种分子排布缺乏人们所期望的某种规则性，远比任何蛋白质结构理论所预测的更为复杂"。但是，随后基于分辨率更高的研究数据，人们发现肌红蛋白结构还是有一些规律的，并且这个结构规律也存在于其他蛋白质中。现代蛋白质结构理论把蛋白质描述成四层结构，即一级、二级、三级和四级结构。虽然这一框架对我们探寻蛋白质结构产生的生理功能并没有太多的帮助，但它可以使我们方便地描述和理解蛋白质。

理解蛋白质结构是探讨蛋白质功能的基础。蛋白质结构决定蛋白质功能。蛋白质的特殊结构允许三维空间中特定化学基团处于其特定的位置，这使蛋白质能够在生命活动中充当多种角色。这些化学基团的精确定位也使得蛋白质能够在生物体中发挥重要的结构、运输和调节功能。蛋白质功能多样性还表现为与其他分子（包括小分子和其他蛋白质）的相互作用。

生物过程是通过蛋白质-蛋白质的相互作用来实现的，所以要完全理解或要操纵生物过程就需要揭开蛋白质-蛋白质相互作用背后的机制。那么第一步就是要识别相互作用位点。蛋白质相互作用位点的研究方法大体上分为两类，即实验方法和计算方法。目前识别蛋白质相互作用位点的实验方法主要有NMR（nuclear magnetic resonance，核磁共振）[2]、X射线晶体学[3]和丙氨酸扫描突变[4]。尽管近些年来在实验方法学上有了很大的进展，但通过实验方法定位相互作用位点仍然是十分耗时和昂贵的。为了弥补实验方法的不足，需要发展其他方法克服和解决上述困难和问题。蛋白质结合位点预测方法应运而生，它能有效促进了人们对分子识别和相互作用的理解，提高了对蛋白质-蛋白质相互作用的计算预测能力，也为理性药物分子设计打下坚实的基础[5]。

新药研究和开发分为药物发现、临床前研究和临床研究与应用等重要阶段[6]，其中前两个阶段是在科学实验室里进行的。为了能在市场上正常销售，一个药物要经历广泛的研究和测试以判断它的有效性、安全性、副作用以及潜在的并发症。所以，新药研究和开发过程要牵涉很多的学科以及相应的专业人员，如化学、生物学、生理学、药学、临床医学等。

新药研究开发的关键是药物发现。药物发现由三个环节组成，即发现并确定靶标、发现先导化合物和优化先导化合物。先导化合物一般不能直接成药，需要对其结构做化学修饰和改造，以提高活性和特异性，改善药物代谢动力学特性，进而衍生出特异性高、安全性好、活性高的新药。

从药物发现的历史来看，人们已从仅仅依靠运气发现新药发展到依据靶标进行药物分子设计。目前的药物设计方法主要分为两类[7]。一类是传统药物分子设计方法（如图1.1所示），以组合库大规模筛选为代表。这个过程中，大量不同的化合物被创建并被甄别其生物活性。如果一个化合物表现出与生物靶标作用信号，那么其会被进一步优化而可能发展为一种新的药物。这种筛选过程会花费多年时间以及很多金钱，尽管这样，在药物开发的最后阶段，这个药物也有可能会因为没有足够的有效性或缺乏安全性而被舍弃。随着对新的有效的药物需求的增加，传统药物设计方法的盲目性和低效性使它远不能满足社会的需要。所以，第二类药物设计方法理性药物分子设计（如图1.2所示）应运而生。

理性药物分子设计基于这样的假设：特定生物靶标的调控可能具有治疗价值。一个生物分子能够作为靶标，两方面的信息是必需的：一是这个靶标与某种疾病过程相关联，其表现为这个靶标的突变与某种疾病状态一致；二是这个靶标具有可药性，即其能够与小分子相结合并使活性发生变化。

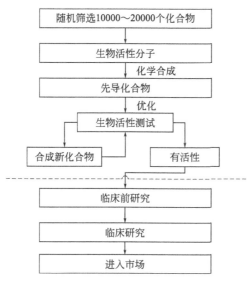

图 1.1 传统药物分子设计方法

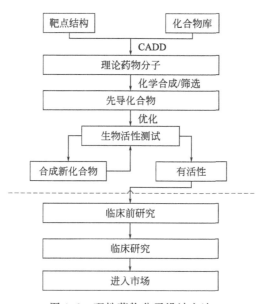

图 1.2 理性药物分子设计方法

一旦适宜的靶标被确定，那么它通常会被克隆和表达，以建立筛选模型。另外，这个靶标的三维结构一般也需要被确定。

为了搜索结合靶标的小分子，首先建立潜在药物化合物的筛选库，理想的情况下，这些作为候选药物的化合物应该具有类药性，即应该满足一般药物具有的在口服生物利用度、化学和代谢稳定性以及毒性等方面的要求。这个筛选过程可以使用筛选模型试验来完成，而在靶标三维结构已知的情况下，虚拟筛选也可以用来筛选候选药物。由于虚拟筛选技术的使用，使得发现先导化合物的时间大大减少，同时药物开发的成本也降低了[8]。

基于虚拟筛选的理性药物分子设计必须有两个条件。第一个条件是必须获得目标蛋白质的三维结构数据，并且这个结构最好是来源于 X 射线晶体学或者 NMR。假如有与目标蛋白质具有较高序列一致性的蛋白质结构存在，那么同源模建的蛋白质结构也是可以接受的。第二个条件是配体结合的位置已知。识别结合位点一般有三种途径：①通过分析蛋白质和配体的共结晶结构得到；②与已知的结合位点进行序列或结构上进行比较；③使用结合位点预测方法进行预测。目前，蛋白质结合位点的识别已经成为一个令人感兴趣的重要领域，并且有很多算法被提出来试图解决这一问题[5]。

1.2 蛋白质结构与功能

越来越多的药物开发人员将大分子特别是蛋白质作为一种治疗用药物来选择。蛋白质药物的开发和应用，目前还存在诸多挑战，如果不能很好地了解蛋白质结构的性质和所配制的特定蛋白质的构象特征，结果可能不尽人意。这里提供一个蛋白质结构的简要概述，还将介绍蛋白质结构如何在形成过程中受到影响，以及一些相关的分析方法，这些方法既可以用来确定蛋白质的结构，也可以用来分析蛋白质的稳定性。其中，与蛋白质相关的术语——结构，其含义远比小分子的复杂得多，因为蛋白质是大分子，有四种不同的结构层次：一级、二级、三级和四级。

1.2.1 一级结构

细胞用于蛋白质物质构建的标准 L-α-氨基酸有 20 种。氨基酸，顾名思义，包含一个碱性氨基和一个酸性羧基。这种双功能性允许单个氨基酸通过形成肽键（一个氨基酸的—NH_2 和另一个氨基酸的—COOH 之间的酰氨键）从而连接成长链。少于 50 个氨基酸的序列通常被称为肽，而术语"蛋白质"和"多肽"则用于表示较长的序列。蛋白质则可以由一个或多个多肽分子组成。带有游离羧基的多肽或蛋白质序列的末端称为羧基端或 C 端，氨基末端和 N 末端这两个术语则用来描述有一个游离 α-氨基的多肽或蛋白质序列末端。

氨基酸结构上的区别在于其侧链上不同的取代基。这些侧链赋予了肽或蛋白质不同的化学、物理和结构性质。蛋白质中常见的 20 种标准氨基酸的结构如图 1.3 所示。每种氨基酸都有一个字母和三个字母的缩写，这些缩略语通常用来简化肽或蛋白质的书写顺序。

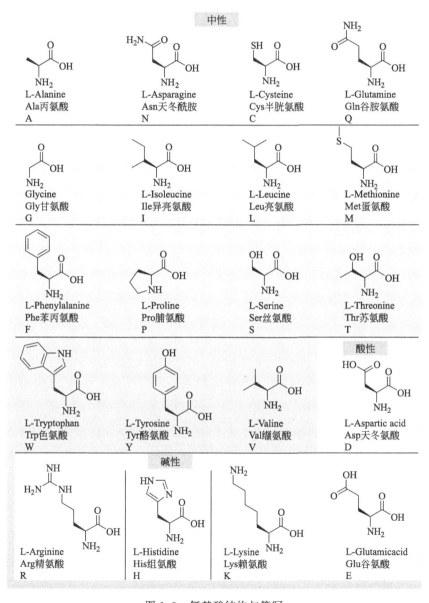

图 1.3　氨基酸结构与简写

根据侧链取代基的性质不同，氨基酸可分为酸性、碱性或中性。虽然合成人体内的各种蛋白质需要 20 种氨基酸，但我们自身只能合成其中的 10 种，剩下的 10 种被称为必需氨基酸，需从饮食中获得。

蛋白质的氨基酸序列编码在 DNA 中。蛋白质是通过一系列被称为转录（利用 DNA 链形成互补的信使 RNA 链——mRNA）和翻译（以 mRNA 序列为模板，指导组成蛋白质的氨基酸链的合成）的步骤得到的。通常，翻译后修饰，如糖基化或磷酸化，对于蛋白质生物功能也是必需的。虽然氨基酸序列构成了蛋白质的一级结构，但蛋白质的化学/生物学性质在很大程度上取决于蛋白质的三维或三级结构。

1.2.2　二级结构

蛋白质或肽的线性延伸链段具有不同的、特征性的局部结构构象，称为二级结构，其形成主要依赖于氢键。二级结构的两种主要类型是 α-螺旋和 β-折叠。

α-螺旋是右旋螺旋。α-螺旋中氨基酸的侧链取代基向外延伸，氢键形成于链中每个 C＝O 的氧和螺旋线中其后第四个 N—H 的氢之间。氢键使这种结构变得特别稳定。氨基酸的侧链取代基位于 N—H 基团之外。

β-折叠中的氢键是在肽链之间（股间）而不是肽链之内（股内）。折叠构象是由成对并排排列的股线组成的。单链上的羰基氧与相邻链上的氨基氢键合。两股线可以是平行的，也可以是反平行的，这取决于股线方向（N 端到 C 端）是相同还是相反。反平行的 β-折叠由于氢键排列较为整齐而更加稳定。

1.2.3　三级结构

蛋白质分子的整体三维形状是三级结构。蛋白质分子会以这样一种方式弯曲和扭曲，以达到最大的稳定性或最低的能量状态。尽管蛋白质的三维形状可能看起来不规则和随机，但由于氨基酸侧链基团之间的键相互作用，它同时受到许多种稳定力的影响。

在生理条件下，中性非极性氨基酸（如苯丙氨酸或异亮氨酸）的疏水侧链往往埋藏在蛋白质分子的内部，从而使它们不易受水的影响。丙氨酸、缬氨酸、亮氨酸和异亮氨酸的烷基之间经常形成疏水相互作用，而苯丙氨酸和酪氨酸等芳香族基团则常常堆积在一起。酸性或碱性氨基酸侧链通常会暴露在蛋白质表面，因为它们是亲水的。

半胱氨酸上巯基氧化形成二硫键桥是稳定蛋白质三级结构的一个重要因素，使蛋白质链的不同部分共价连接在一起。此外，不同侧链基团之间也可能形成氢键，就像二硫键桥一样，这些氢键可以把一条链的两个部分按顺序排列在一起。盐桥-氨基酸侧链上正负电荷位点之间的离子相互作用（盐桥），也有助于稳定蛋白质的三级结构。

1.2.4 四级结构

许多蛋白质由多个多肽链组成，通常称为蛋白质亚单位。这些亚单位可能是相同的，（如同源二聚体），也可能不同（如异源二聚体）。四级结构指的是这些蛋白质亚基如何相互作用并排列成一个更大的聚集蛋白复合物。蛋白质复合物的最终形状再次被各种相互作用所稳定，包括氢键、二硫键桥和盐桥。蛋白质结构的四个层次如图 1.4 所示。

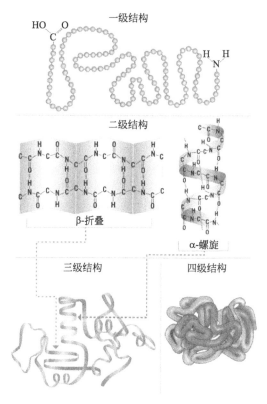

图 1.4　蛋白质结构分级

1.2.5　蛋白质稳定性

由于控制三维结构的是弱相互作用，所以蛋白质是非常敏感的分子。蛋白质在其最稳定的自然构象原位用自然状态来进行描述。这种自然状态可以被几种外部因素破坏，包括温度、pH 值、失水、疏水表面的存在、金属离子的存在以及高剪切力。由于暴露于某种应力因素而导致的二级、三级或四级结构的破坏，被称为蛋白质的变性。变性导致蛋白质展开成随机或错误折叠的形状。

变性蛋白质的活性与天然蛋白质完全不同，通常会失去生物学功能。除了变性之外，蛋白质在某些压力条件下也能形成聚集体。聚集体通常在合成制造过程中产生，通常是不合要求的，这主要是因为它们在作用时可能引起不良免疫反应。

除了这些蛋白质降解的物理形式外，了解蛋白质化学降解的可能途径也很重要。包括氧化、脱酰胺、肽键水解、二硫键重组和交联。在蛋白质的加工和制剂中使用的方法，包括任何冻干步骤，必须仔细检查，以防止降解，并提高蛋白质生物制药在储存和给药过程中的稳定性。

1.2.6　蛋白质结构分析

因为蛋白质结构的复杂性，使得即使用最先进的分析设备也很难解释一个完整的蛋白质结构。氨基酸分析仪可用于确定存在哪些氨基酸以及每种氨基酸的比例。蛋白质序列可以通过肽图谱分析和 Edman 降解或质谱分析。这一过程对于肽和小蛋白来说是常规的，但对于大的多聚体蛋白质则变得更加复杂。

肽图谱通常需要用不同的蛋白酶对蛋白质进行处理，在特定的裂解位点将序列切割成更小的肽。两种常用的酶是胰蛋白酶（trypsin）和糜蛋白酶（chymotrypsin）。通过肽指纹分析和数据库搜索，质谱已成为分析酶消化蛋白质的重要工具。Edman 降解从 N 端开始，包括从短肽中一次裂解、分离和鉴定一个氨基酸。

圆二色谱法（circular dichroism spectroscopy，CD）是用来表征蛋白质二级结构的一种方法。不同类型的二级结构（α-螺旋、β-折叠和无规卷曲）在远紫外（190~250nm）都有特征性的圆二色性光谱。这些光谱可以用来粗略估计整个蛋白质组成中每种结构的比例。

利用 X 射线晶体学或核磁共振（NMR）分析，可以对蛋白质的三维结构进行更完整、更高分辨率的分析。为了用 X 射线衍射法测定蛋白质的三维结构，需要一个大而有序的单晶体。X 射线衍射可以测量原子间的短距离，并生成三维电子密度图，可用于建立蛋白质结构的模型。

使用核磁共振来确定蛋白质的三维结构比 X 射线衍射有一些优势，因为它可以在溶液中进行，因此蛋白质不受晶格的限制。通常使用的二维核磁共振技术有 NOESY（通过空间测量原子之间的距离）和 COESY（通过化学键测量距离）。

1.2.7 蛋白质结构稳定性分析

目前已经有许多不同的技术可以用来确定蛋白质的稳定性。对于蛋白质的去折叠分析，可以使用荧光、紫外、红外和 CD 等光谱方法。热力学方法如差示扫描量热法（DSC）可用于测定温度对蛋白质稳定性的影响。比较肽图谱（通常使用 LC/MS）是测定蛋白质化学变化（如氧化或脱酰胺）的一个非常有价值的工具。高效液相色谱法也是分析蛋白质纯度的重要手段。其他分析方法如 SDS-PAGE、iso 电聚焦和毛细管电泳也可用于测定蛋白质的稳定性，并应采用适当的生物测定方法来确定蛋白质生物制剂的效价。聚集状态可以通过追踪粒子大小来确定，阵列仪器可追踪粒子大小在各种条件下随时间的变化。测定蛋白质稳定性的各种方法，再次强调了蛋白质结构性质的复杂性，以及保持这种结构对于成功的生物制药产品的重要性。

1.2.8 蛋白质功能

蛋白质在许多重要的生物过程中起着重要作用。它们用途广泛，在生物内有许多不同的功能，如充当催化剂、运输其他分子、储存其他分子、提供机械支撑、提供免疫保护、产生运动、传递神经冲动、控制细胞生长和分化等。

蛋白质结构对其功能的影响程度可以从蛋白质结构变化的影响中看出。蛋白质在任何结构层次上的任何变化，包括蛋白质折叠和形状的轻微变化，都可能使其失去功能。蛋白质根据一定序列折叠成特定的形状，蛋白质的功能与由此产生的三维结构直接相关。上述功能都是源于其相互作用或在体内与其他生物大分子产生复杂的组合。在这些复合体中，蛋白质可以发挥独立蛋白质所不具备的功能，例如进行 DNA 复制和细胞信号传递。

蛋白质的性质也是高度可变的。例如，有些是相对刚性的，而有些是柔性的。这些特性都与蛋白质功能相符合。例如，更为刚性的蛋白质可能在细胞骨架或结缔组织的结构中起作用，而那些具有一定柔性的蛋白质可以充当铰链、弹簧或杠杆来协助其他蛋白质的功能。

1.3 配体-受体相互作用原理

1.3.1 受体-配体结合的关键点

受体与配体相互作用可以表示为式（1.1）：

$$[R]+[L] \Longleftrightarrow [RL] \qquad\qquad (1.1)$$

式中，[R] 表示受体；[L] 表示配体；[RL] 表示受体-配体复合物。

由热力学理论可知，结合自由能的变化（ΔG_{bind}）决定了受体与配体的结合强度，受体和配体的结合常数与结合自由能的变化可以用式（1.2）定量表示。

$$\Delta G_{bind} = -RT\ln K = \Delta H - T\Delta S, \quad K = \frac{[RL]}{[R][L]} \qquad (1.2)$$

式中，R 是摩尔气体常数 [8.3144J/(K·mol)]；T 是热力学温度；K 是平衡常数；ΔH 是焓变；ΔS 是熵变。

现在已经有大量的关于蛋白质-配体复合体三维结构以及结合亲和力的实验数据，这些数据清楚地表明有以下特征存在于蛋白质-配体结合过程中。

（1）蛋白质和配体间空间上高度的互补性。

（2）蛋白质和配体表面性质上高度的互补性，比如静电互补匹配，即正负电荷相对应，相互作用界面包含尽可能多的氢键、盐桥；疏水相互作用互补匹配。

（3）配体一般以低能构象与蛋白质相结合。

1.3.2 结合过程理论模型

结合过程中，配体分子与受体分子间发生相互作用，最终形成稳定的复合体，从而改变了受体分子的生理作用。对于配体分子与受体分子相互作用模式，目前主要存在以下几个理论模型。

1.3.2.1　锁钥模型

1894 年 Emil Fisher 提出了锁钥模型（lock and key model）[9]，其试图用来解释受体与配体作用过程，这也是最早的一种理论模型。它把受体大分子比作要开启的锁，把配体比作钥匙，只有当钥匙与锁精确匹配时，锁才能被打开，从而发生生理作用变化。这个模型中，受体和配体分子被当作刚性结构，虽然其能够比较好地解释结合前后构象变化较小的配体和受体相互作用过程，却很难准确描述结合前后构象变化较大的过程。另外，锁钥模型非常好地描述了受体分子和配体分子形成复合体过程中高度的空间几何互补性。图 1.5 即为锁钥模型。

图 1.5　锁钥模型

1.3.2.2　诱导契合模型

基于酶-底物相互作用时，酶的构象受底物诱导发生变化，Koshland 提出了诱导契合理论（induced fit theory）[10]。这一理论提出受体结合位点的形状和物理化学性质分布在结晶状态下未必与配体表现出互补性；但是当受体分子与配体分子发生相互作用时，由于结合位点具有可塑性和柔性，而在配体分子的诱导下发生构象变化，从而产生几何形状和物理化学性质上的互补性结合（图 1.6）。当然，这种由分子间相互作用而诱导出来的构象变化是可逆的。

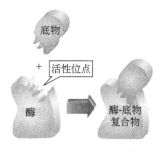

图 1.6　诱导契合模型

诱导契合理论也适用于蛋白质-蛋白质相互作用，当蛋白质与蛋白质分子发生结合和解离时，构象也发生可逆性变化。构象变化幅度也有大有小，可以是一个氨基酸残基的微小位置变化，也可以是整个蛋白结构域构象的大幅度改变。这里需要指出的是，在蛋白质与蛋白质分子之间发生的诱导契合是相互的，一个蛋白质分子构象发生变化的同时，另一个蛋白质分子构象也会发生改变。

1.3.2.3　构象选择-诱导模型

Kumar 等提出了一种新的理论模型：构象选择-诱导模型（conformational selection and induction model）[11]，模型的示意见图 1.7。这种模型认为在溶液中，受体本来就存在着多种不同的构象，这些不同的构象间相互平衡，这是一个动态过程。当受体分子和配体分子相互结合时，就破坏了自然分布的平衡系统，平衡向结合构象的方向移动。也就是说，配体分子是与一个预先存在的受体分子相结合而形成稳定的复合物。这样的模型解释与锁钥模型和诱导契合模型完全不同。

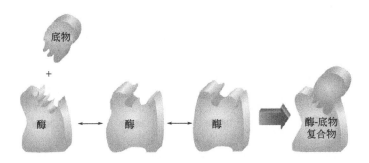

图 1.7　构象选择-诱导模型

构象选择-诱导模型与诱导契合理论都是以分子的柔性和结构链的可移动性为前提，从热力学理论来看，它们在本质上是一致的。越来越多的证据支持构象选择-诱导模型，而诱导契合理论则可以比较贴切地反映出配体分子与受体分子结合过程中互补匹配形成过程。然而，几何形状互补匹配也是分子结合时需要遵循的规则，锁钥模型也有它正确的一面。所以，上述的每个模型都很难单独、合理地解释受体分子和配体分子的结合过程，三者的结合则可以比较合理地描述结合过程。

1.3.3　配体-受体相互作用的物理学性质

分子间相互作用的强弱可以用分子间相互作用能 U 的大小来衡量，它是一个势能量，为分子间距离 r 的函数。如图 1.8 所示，它有一个在长程相互吸引的区域，其力为 $-\partial U(r)/\partial r$。它在较近的范围是排斥区，图中 r_m 是相应于能量最低点的分子间距离，σ 表示分子间势能为零的距离，ε 表示吸引势阱的深度。$U(r)$ 函数曲线的形式会因分子的不同而略有差异，但它们是具有共同特征的[12]。

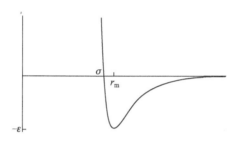

图 1.8　典型分子间作用势能函数[12]

分子间相互作用主要包括：离子或电荷基团、偶极子、诱导偶极子等之间的相互作用力，氢键力，疏水基团相互作用力及非键电子推斥力等，大多数分子间作用能在 10kJ/mol 以下，比通常的共价键键能小一、二个数量级，作用范围约为 0.3~0.5nm，其中，氢键、离子-偶极及偶极-偶极作用具有方向性，除氢键外，一般没有饱和性。表 1.1 列出了几种分子间相互作用能与分子间距离的函数关系。

表 1.1　几种分子间相互作用能与分子间距离的函数关系

作用力类型	能量与距离的关系
荷电基团静电作用	$1/r$
离子-偶极子	$1/r^2$
离子-诱导偶极子	$1/r^4$
离子-诱导偶极子	$1/r^6$
偶极子-偶极子	$1/r^6$
诱导偶极子-诱导偶极子	$1/r^6$
非键推斥	$1/r^9 \sim 1/r^{12}$

1.3.3.1 van der Waals 力

以上表 1.1 中作用能与 $1/r^6$ 成正比的三种作用力统称 van der Waals 力。它是人们在研究气体行为时，发现在气相中分子之间存在吸引和排斥的作用，用 van der Waals 方程以校正实际气体对理想气体的偏离时提出来的。如果气体占据的体积为 V，气体分子占据的体积为 b，那么 $(V-b)$ 为气体中分子自由移动空间。分子间的吸引力使得气体体积缩小，正比于密度平方，因此引入常数 a 来表征这一影响。

$$\left(p+\frac{a}{V^2}\right)(V-b)=RT$$

van der Waals 力分为三种：

（1）静电力或永久偶极相互作用力 极性分子有永久偶极矩，永久偶极矩间可以产生静电作用使体系能量降低。理论计算得到这种静电作用的平均能量为：

$$E_{静}=-\frac{2\mu_1^2\mu_2^2}{3kTr^6(4\pi\varepsilon_0)^2}$$

式中，μ_1 和 μ_2 是两个相互作用分子的偶极矩；r 是分子质心间的距离；k 为 Boltzmann 常数；T 为热力学温度；ε_0 为绝对介电常数。

由此可见，分子间静电作用能随分子的偶极矩增大而增大，对同类分子来说静电作用能和偶极矩四次方成正比。当温度升高时，破坏偶极子的取向，相互作用能降低，故它是和热力学温度 T 成反比的。

静电相互作用的强度变化很大。对于像核酸这样带电多的分子，静电相互作用在分子的识别和结合中起到非常重要的作用。然而，所有类型的配体-受体复合体在结合面上都表现出静电的互补性[13]（图 1.9）。这时，电荷分布要远比分子的净电荷重要。比如，带同号净电荷的两个蛋白质分子仍能够通过静电互补的界面结合在一起。

（2）诱导力 即偶极子-诱导偶极子间作用力。非极性分子在极性分子偶极矩电场的影响下会发生"极化作用"，即电子云会发生变形，产生所谓"诱导偶极矩"。此"诱导偶极矩"和极性分子永久偶极矩间会产生吸引作用使能量降低。理论计算得两个分子相互作用平均的诱导作用能为：

$$E_{诱}=-\frac{\mu_1^2\alpha_2}{(4\pi\varepsilon_0)^2r^6}$$

式中，μ_1 是极性分子偶极矩；α_2 是被极化分子的极化率，它和分子的电

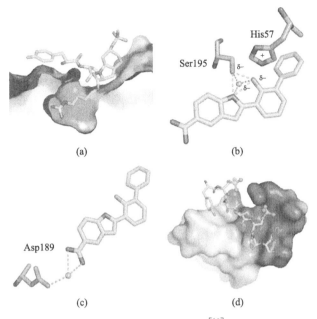

图 1.9　静电相互作用[13]

子数目和电子云是否容易变形有关。

对于极性分子间相互作用而言，除静电力之外，也有相互诱导的"极化作用"，产生"偶极偶极矩"使相互作用进一步加强。

（3）色散力　非极性分子间也有相互作用力的存在，称为"色散力"，因为它的计算和光的色散作用有些类似而得名。它可以被看做是分子的"瞬间偶极矩"相互作用的结果，即分子间虽然无偶极矩，但分子运动的瞬时状态有偶极矩，这种"瞬时偶极矩"会诱导临近分子也产生和它相吸引的"瞬时偶极矩"，反过来也一样，这种相互作用便产生色散力。理论计算这种力的作用能是：

$$E_{色} = -\frac{3}{2}\frac{I_1 I_2}{I_1 + I_2}\left(\frac{\alpha_1 \alpha_2}{r^6}\right)\frac{1}{(4\pi\varepsilon_0)^2}$$

式中，I_1，I_2 是两个相互作用分子的电离能；α_1，α_2 是两个相互作用分子的极化率，对于同类分子间的作用，色散力和分子的极化率的平方成正比。

静电力只存在极性分子之间；诱导力存在于极性分子之间及极性分子与非极性分子之间；色散力则无论是非极性分子还是极性分子之间都存在。

实验表明，对大多数分子而言，色散力是主要的，表 1.2 列出一些分子的三种分子间作用力的分配情况。

表 1.2 若干分子的 van der Waals 作用能

分子	偶极矩 μ /(10^{-30} C·m)	极化率 α /(10^{-40} C·m/J)	$E_{静}$ /(kJ/mol)	$E_{诱}$ /(kJ/mol)	$E_{色}$ /(kJ/mol)	$E_{总}$ /(kJ/mol)
Ar	0.000	1.85	0.000	0.000	8.50	8.50
CO	0.39	2.20	0.003	0.008	8.75	8.75
HI	1.40	6.06	0.025	0.113	25.87	26.00
HBr	2.67	4..01	0.69	0.502	21.94	23.11
HCl	3.60	2.93	3.31	1.00	16.83	21.14
NH_3	4.90	2.47	13.31	1.55	14.95	29.60
H_2O	6.17	1.65	36.39	1.93	9.00	47.31

1.3.3.2 电荷基团间的相互作用

电荷基团间的相互作用力又称为盐键，本质上是一种静电作用力，由 Coulomb 定律可知，其作用能和基团间的距离成反比而与荷电荷数的数量成正比。例如 $RCOO^-$ 与 NH_4^+ 之间的静电作用。

1.3.3.3 非键电子推斥作用

非键电子推斥作用存在于一切基团之间，与 Pauli 斥力有关，是短程作用力。

1.3.3.4 次级键

次级键（secondary bond）是典型的强化学键和弱范德华作用之间的各种化学键的总称。氢键（X—H···Y）和没有氢原子参加的（X···Y）间弱化学键都属于次级键。次级键可根据原子间的距离、核磁共振谱和光谱等实验数据来确定。化学反应过程中形成的过渡态正是以次级键为特征的中间体或活化络合体。次级键在物质的结构和性质的研究以及生物体系中起着重大作用。

氢键 X—H···Y 是由两个电负性都很高的元素（例如 F、O、N 等）通过三中心四电子键形成的，其中 X—H 是极性键，由于 X 电负性高，氢原子相当于一个裸露的原子核，所以可以和另一个强电负性元素原子 Y 产生强烈的相互作用而形成氢键。氢键的键能较强，一般在 40kJ/mol 左右。

对于生物大分子的结构和相互作用来讲，氢键是一个关键因素。在蛋白质分子中，氢键模式是二级结构的主要标志。在单个蛋白质分子中连接 β-片层相邻链上主链原子的氢键模式，同样也会出现在两个蛋白质分子延伸链的连接中 [图 1.10（d）]。配体和受体间的氢键模式也会采取其他的排布方式（图 1.10）。

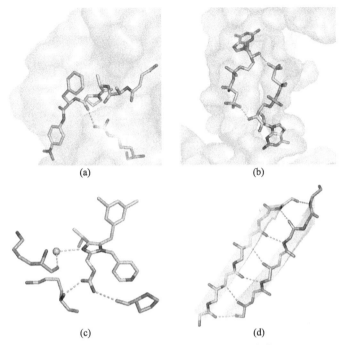

图 1.10　多种分子间氢键相互作用[13]

1.3.3.5　疏水效应

疏水效应是分子间相互作用的一个重要组成，它在分子识别过程中起着重要的作用。

分子间疏水效应是一个复杂的过程，它主要决定于熵效应。水由松散的动态的氢键网络组成，当存在非极性分子时，水的氢键网络会发生重排。为了保持氢键数目，水分子会在非极性溶质表面有序地形成笼状排列。当受体分子和配体分子作用的时候（图 1.11），非极性溶质受体表面的有序水被非极性底物所替代，这部分有序的水变成无序的水，引起熵增。

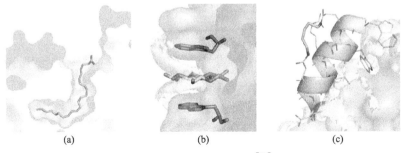

图 1.11　疏水相互作用[13]

1.3.3.6　空间性质

按照锁钥模型，形状互补对配体-受体结合及特异性来说是非常重要的。电子-电子排斥阻止了配体和受体的原子重合，所以，碰撞会导致大的能量惩罚。配体-受体相互作用研究中，这个能量惩罚模型通常由 Lennard-Jones 能量函数的第一项来描述。

$$E_{LJ} = \sum \frac{A}{r^{12}} - \frac{C}{r^6}$$

这个能量是所有配体-受体原子对的能量和，同时也是每对原子间距离 r 的函数。

$$A = 0.5C(r_L + r_R)^6$$

式中，C 由 Slater-Kirkwood 公式[14] 给出，它取决于原子极化性和有效电子数；r_L 和 r_R 分别为配体原子和受体原子的有效半径。

Lennard-Jones 能量函数中的吸引项描述的是由分散吸引引起的范德华作用。偶极诱导的相互作用依赖于 r^{-6}，尽管比推斥作用对距离的依赖要小，但它还属于短程相互作用。

配体-受体结合过程包括配体-受体相互作用和水-水相互作用替代配体-水相互作用和受体-水相互作用。范德华作用是否有利于配体-受体的亲和，依赖于配体-受体相对于与水分子作用的范德华作用的强度。由于这种平衡的存在，范德华作用对于结合亲和度的贡献会特别小。

然而，考虑空间互补性对于配体设计却是很关键的。配体和受体结合界面上的真空凹穴在能量上是非常不利的，因为自然界"不喜欢"真空。另外，尽管范德华作用力很弱，但当配体-受体由于互补性而产生大面积接触就会使它们的作用力总和与氢键甚至静电作用相当。

1.4　蛋白质结合位点预测研究现状

生物过程的主要内容包括蛋白质-蛋白质结合和其他配体与蛋白质结合。精确预测蛋白质分子表面可能的结合位点的位置对于很多科学及应用问题都是很有帮助的，比如，功能预测、药物靶标注释、基于靶蛋白的理性药物设计、药物副作用预测、预测蛋白质-蛋白质和蛋白质-配体复合体结构与评价蛋白质聚集或寡聚化的趋势[15]。

1.4.1   蛋白质-蛋白质和蛋白质-配体结合位点的比较

蛋白质复合体是在生理条件下由蛋白质分子各自折叠，然后聚集连接而成的。属于蛋白质-蛋白质复合体的例子有抗原-抗体、酶-抑制剂、很多信号转导以及细胞周期蛋白复合体。我们已知的蛋白质-蛋白质复合体结构多数是通过 X 射线晶体学方法解析得到的，这就要求蛋白质与蛋白质分子能够形成稳定规则的晶体。基于这些已知的蛋白质-蛋白质复合体结构，人们对蛋白质-蛋白质结合位点的几何及物理化学性质已经有了详细的了解[16~22]。需要指出的是，这些关于结合位点性质的分析仅适用于足够稳定的蛋白质-蛋白质复合体。由这些复合体分析得出的规律可能不同于发生瞬时相互作用的蛋白质结合位点。

多数蛋白质-蛋白质复合体所包埋的分子表面积在 $1200 \sim 2000 \text{Å}^2$❶ 之间，这要远大于与小分子配体结合所需要的表面积〔一般几百平方埃（Å^2），具体依赖于配体分子的大小〕。已知结构数据的分析指出多数情况下蛋白质-蛋白质结合表面几乎是平坦的，其中酶-抑制剂复合体是一个例外。抑制剂分子的结合位点经常会形成一个凸起的表面，形状上正好与酶分子结合位点的凹槽相契合。这方面与蛋白质-配体结合位点形成了鲜明的对比。蛋白质-配体结合位点通常是非常不平的，这使得其与配体分子能从多个方向充分结合[23~26]。

在物理化学性质和几何特征方面，蛋白质结合位点明显区别于蛋白质分子的其余表面。然而，蛋白质间的相互作用是非常多样的，所以不能以单个表面属性就把结合表面和非结合表面区分开。根据残基的溶剂可及性，蛋白质-蛋白质复合体中结合位点上的残基可分为两个不同的区域：核心区和边缘区。核心区包含这样的残基，就是残基中至少有一个原子被完全包埋，在复合体形成后溶剂接触不到。这些残基通常是几乎没有极性的残基，它们被极性更强的边缘区包围。边缘区包含的残基在复合体形成后至少还有部分的溶剂可及性。某些蛋白质-蛋白质结合面在氨基酸残基组成方面会明显区别于分子表面的其他部分。结合区域富含脂肪族（Leu、Val、Ile、Met）和芳香族氨基酸（His、Phe、Tyr、Trp），并且除了精氨酸外，很少会有带电残基（Asp、Glu、Lys）。

有一个方法可用来确定结合位点残基对结合自由能的相对贡献，就是检测结合位点上残基突变成丙氨酸前后结合亲和力的变化。残基被丙氨酸替代就相当于从表面去除其侧链原子以及它们对结合强度的影响。有趣的是，对于使用

---

❶ $1\text{Å}=0.1\text{nm}$，下同。

丙氨酸扫描突变方法分析的蛋白质-蛋白质复合体，仅有一部分这种替代会对结合强度产生实质性的影响。这一发现引出了蛋白质表面热点的概念，即热点残基负责蛋白质间大部分相互作用[27,28]。

与蛋白质-蛋白质结合位点相似，与小分子配体结合的高亲和结合口袋，相对于其他区域，具有较少的极性或者说较多的疏水性。由于有机小配体分子比较小，所以，相对于蛋白质-蛋白质复合体，小分子配体-蛋白质相互作用中的包埋表面积通常也比较小。为了通过具有足够大数量的有利的蛋白质-配体接触而取得强相互作用，在蛋白质分子表面，经常会有非常凹陷的口袋或洞，有时，会把小配体部分包埋。

在很多方面，预测蛋白质-蛋白质结合位点的算法类似于预测小分子结合区域的方法。但是，由于这些种类的结合位点基本架构不同，在预测算法方面，仍然存在一些重要差别。

1.4.2 蛋白质-配体结合位点预测

几种类型的算法已发展用来预测配体结合位点。一些算法主要分析蛋白质表面的口袋。许多研究表明，结合位点通常位于最大口袋。一种算法分析放置在蛋白质周围的网格上探针的结合能，探针聚类和能量轮廓分析可以用来预测配体结合位点。另外，更复杂的模拟方法也可用于预测结合位点，例如用分子动力学模拟来识别配体结合位点，重要残基往往位于静电不利的位置。

一系列功能比较工具也可用来识别结合位点，包括 3D 模板[29,30]、图论[31,32]、模糊模式匹配[33] 和进化跟踪方法[34]。这些工具可用于为新解析的蛋白质结构进行功能注释，通常不用在基于结构的药物设计（structure-based drug design，SBDD）结合位点的预测研究，它们更经常被用来为来自结构基因组学项目的新解析蛋白质结构注释功能。其他方法包括结合位点上氨基酸在进化过程中发生同步变异（相关突变），已应用于蛋白质-蛋白质结合位点预测[35]。也有人指出，脯氨酸残基往往存在于蛋白质-蛋白质结合位点中[36]。应当指出的是，蛋白质-蛋白质结合位点预测通常需要不同的计算方法，后续将讨论这一内容。

预测配体结合位点存在着许多问题。一个主要的问题是诱导契合。配体结合时，结合位点可以显著改变形状。另一个问题是配体结合位点会位于亚基界面之间。有些算法只测试过单亚基，已被证明在复合体数据集测试时较差。第三个问题是存在着配体的绝对多样性，以及相应多样的结合位点，很难设计一个算法，对所有构象上和物理化学上不同的配体结合位点进行较准确的预测。

目前还存在着结合位点预测工具验证的问题。通常，一个成功的预测是指涵盖了一定数量的配体原子。然而，如果预测的位点非常大（例如，覆盖了整个蛋白质），预测仍然可能是成功的，尽管它不是很精确。在一般情况下，基于结构的药物设计需要对配体结合位点做准确定义，以限制蛋白质相关区域的搜索空间，减少假阳性结果。我们探索了作为基于结构的药物设计的第一步、用于预测蛋白质-配体结合位点的一些不同方法，以几何和能量为基础的口袋检测方法作为主要的结合位点预测方法，因此，以下集中介绍这些方法。另外，越来越多的功能点预测和"盲对接"的方法在基于结构的药物设计中发挥作用，因此，以下也会涉及一些相关的进展。

1.4.2.1　基于几何的方法

　　蛋白质口袋检测是一种广泛使用的技术，可用来识别潜在的配体结合位点。它采用几何因素来定义口袋，并且有研究表明，结合位点通常是在最大的口袋里找到的。例如，SurfNet[37] 用来分析 67 个蛋白质结构，并在 83％ 的情况下发现配体结合位点在最大的口袋里[23]。APROPOS[38] 通过发现可以容纳分子基团的洞穴的特征模式，取得较高的预测成功率。其他的口袋检测算法有 Cavity　Search[39]、POCKET[40]、VOIDOO[41]、LIGSITE[42]、CAST[43,44]、PASS[45]、LigandFit[46] 以及 Delaney[47]、Del Carpio 等[48]、Masuya 和 Doi[49] 开发的算法。

　　口袋检测算法经常采用围绕蛋白质的三维网格或一个分子表面定义。分子表面可以只使用网格来定义，即通过查找碰不到蛋白质（的）原子的格点组成的界面。这种技术已经被 LIGSITE、POCKET 和 Delaney 的方法所使用。分子表面算法也能使用，这类算法的优势是不依赖网格的分辨率。分子表面算法一般依赖于在表面滚动的"溶剂"探针的半径（通常为水，具有 1.4Å 的半径）。Lee 和 Richards 的溶剂可及表面[50] 是由探针中心定义的表面，而分子表面或 Connolly 表面[51] 定义为蛋白质溶剂的界面，即完全排除了溶剂体积表面，因此定义了溶剂探针与蛋白质原子范德华表面之间的接触点。下面，详细地说明几个口袋检测算法。

　　（1）POCKET 算法　一个半径为 3Å 的探针球沿蛋白质三维网格中笛卡尔坐标 X、Y、Z 方向上遍历每条线。如果蛋白质的一个原子的中心位于探针球范围内，可判断为蛋白质和探针球之间相互作用。如果一段相互作用后跟着一段没有相互作用的空间，紧跟着又出现相互作用，就发现了一个口袋。在图 1.12 中口袋为"小点"区域。该算法的主要缺点是，口袋里的确切性质依赖于蛋白质的相对旋转角度的坐标参考框架。

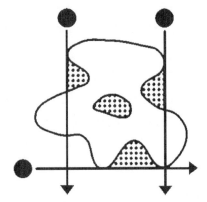

图 1.12　POCKET 算法[40]　［探针球（黑色圆形）扫描一个蛋白，
点区域标志被算法识别的口袋和穴］

　　（2）LIGSITE 算法和 Pocket-Finder 算法　LIGSITE 非常相似于 POCK-ET。然而，LIGSITE 还可以沿着立方体对角线方向扫描，即七个扫描方向，而不是三个方向。这使得蛋白质口袋较少依赖于蛋白质的三维网格取向（比较图 1.12 和图 1.13）。LIGSITE 具有被称为 MINPSP（minimum protein-site-protein，最小的蛋白质-位点-蛋白质）的阈值变量。一单网格点有七条探针线穿过它（X、Y、Z 和四个立方对角线）。该格点可以多至七次被定义为一个口袋（PSP 事件）。MINPSP 阈值可以定义一个格点必须发生多少次 PSP 事件才被定义为一个口袋的部分。通过设置高阈值，浅口袋被排除在外。LIGSITE 进行了十个蛋白质结构的验证，并表现出良好效果，其中，七个蛋白质的结合位点在最大口袋中。这一类算法的准确性、便捷性，非常适合并且已在若干后续研究，包括在 CavBase[52] 和 SuperStar[53] 中使用。

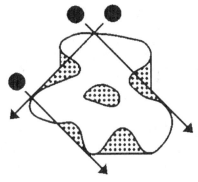

图 1.13　LIGSITE 扫描立方对角线（X、Y 和 Z 轴除外）[42]

（3）Delaney 的算法　蛋白质置于一个三维网格中，凡是与蛋白质相交的格点设置为'true'，否则设置为'false'［图 1.14（a）］。口袋检测操作如下：首先，将与蛋白质表面（和腔边界）相交的格点设置为'true'，而其相邻格点设置为'false'；然后，进行表面膨胀操作，即将单层的粒子添加到蛋白质表面（表面膨胀），再重新设置'true'和'false'［图 1.14（b）］；接着进行表面收缩操作，即使表面上的单层粒子被删除［图 1.14（c）］。经过反复扩展和收缩（通常为 5～10 次），蛋白质腔充满颗粒［图 1.14（d）］。这是因为通过口袋扩展添加的粒子并不会被定义为蛋白质表面部分。

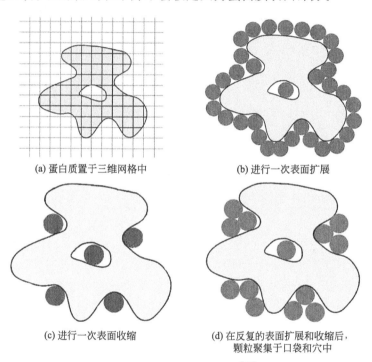

(a) 蛋白质置于三维网格中　　　　(b) 进行一次表面扩展

(c) 进行一次表面收缩　　　　(d) 在反复的表面扩展和收缩后，
颗粒聚集于口袋和穴中

图 1.14　Delaney 的算法[47]

（4）PASS 算法　PASS 使用了类似于 Delaney 的算法，所不同的是该算法着眼于三个蛋白质原子的所有可能组合。如果三个原子足够接近在一起，该算法只计算出探针球接触到的所有三个蛋白原子的两个可能的表面位置（图 1.13）。如果它们与蛋白质原子之间有碰撞，探针将被拒绝。其他过程类似于 Delaney 的算法。

（5）Del Carpio 等的算法　该算法采用了表面"生长"的过程，以确定腔和口袋。分子表面首先利用 Lee 和 Richards 方法识别。首先标记距离该蛋白

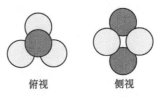

俯视　　　　　　　　侧视

图 1.15　PASS算法[45]　[探针（深灰色）的位置由三个蛋白质原子（浅灰色）的位置计算得来。存在有两个可能的探针位置，每个都与三个蛋白质原子相切]

质重心最近的表面原子 [图 1.16（a）]，然后标记周围的表面原子（第一个原子的视准线以内），从而识别出第一个凹口袋。然后，搜索一个离重心最近的未标记（unflagged）原子，重复此过程。该算法将持续到表面上没有更多的凹区域可识别 [图 1.16（b）]。

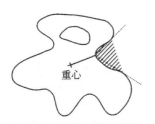
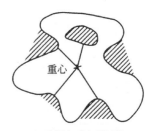

(a) 与重心最近的表面点作为起始点，
最终得到的结合位点用阴影部分标识

(b) 按照与重心邻近的
顺序识别其他起始点

图 1.16　Del Carpio 等的算法[48]

（6）APROPOS 算法　APROPOS 算法基于一个蛋白质的 α-形状（α-shape）表示展开。α-形状表示即是使用 α-形状生成算法创建的蛋白质 Delaunay 表示。α-形状的性质依赖于参数 'α'，这可以被认为是一个从蛋白质表面滚过的探针球的半径。探针可以清除两侧和三角形的边缘，但不是顶点（原子中心）。当探针球半径趋于无穷大时形成凸壳（图 1.17）。实际操作时，使用约 20Å 的实验值，否则假阳性口袋会被发现。通过使用介于 2.8Å（氧原子半径）和 4.5Å（甲基半径）的 α，发现可以结合配体基团的口袋。口袋通过比较 α-形状和凸壳的结构来确定，若两者结构差异很大，则可认为存在口袋。

人们已经注意到，配体基团往往适应蛋白质分子中的小"洞穴"。APROPOS 还通过搜索这些特征"洞穴"来预测哪个口袋里是配体结合位点，该算法被证明对一个由亚基组成的蛋白质数据集有 95％ 的成功率，但当用蛋白复合物进行测试时，准确率要低得多。

（7）CAST 算法　CAST 采用类似于 APROPOS 的方法来检测蛋白口袋，

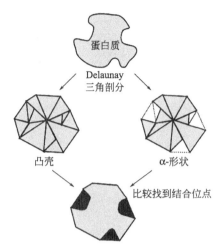

图 1.17　APROPOS 算法[38]

并用离散流理论来确定哪类口袋满足要求（图 1.18）。该算法测试了含 67 个蛋白结构的数据集。当使用 CAST 时，74％的配体结合位点被确定在最大的口袋，而使用 SurfNet 时是 83％。然而，由于口袋大小和性质所产生的差别，将这些结论之间进行直接比较非常困难。CAST 已推出 CASTp（表 1.3）可在网上使用。

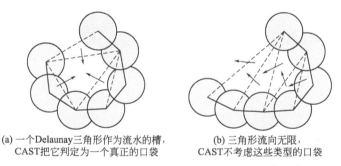

(a) 一个 Delaunay 三角形作为流水的槽，　　(b) 三角形流向无限，
　　CAST 把它判定为一个真正的口袋　　　　CAST 不考虑这些类型的口袋

图 1.18　CAST 算法和选择口袋的离散流理论[43,44]

表 1.3　能识别配体结合位点的在线服务器的 web 网址

类型	方法	网址
口袋检测	CASTp Pocket-Finder	http：//cast.engr.uic.edu/cast http：//www.bioinformatics.leeds.ac.uk/pocketfinder
基于能量的位点检测	Q-SiteFinder	http：//www.bioinformatics.leeds.ac.uk/qsitefinder
系统发育分析	Consurf	http：//consurf.tau.ac.il

续表

类型	方法	网址
结合位点数据库和 功能位点比较	SitesBase ProFunc eF-site SiteEngine PINTS	http：//www. bioinformatics. leeds. ac. uk/sb http：//www. ebi. ac. uk/thornton-srv/databases/ProFunc http：//ef-site. hgc. jp/eF-site http：//bioinfo3d. cs. tau. ac. il/SiteEngine http：//www. russell. embl. de/pints

（8）SurfNet 算法　SurfNet 通过选中蛋白质上的原子对，在它们之间形成了一个测试球。如果测试球与蛋白原子有任何重叠，则减小测试球的半径，直到不再有重叠［图 1.19（a）为一个蛋白质口袋，白色圆形代表蛋白质原子。对于每对原子（条纹标识），做出一个测试球（浅灰色圆形，并有点状轮廓）。如果测试球与蛋白质原子重叠，其半径就缩小直到它们不再重叠（深灰色圆形）。如果半径低于一个设定值（比如 1.0Å），测试球就不放在这个位置。这个过程将继续，并测试所有相关原子对，直到口袋被球填满。］因此，测试球聚集在口袋和洞穴中［图 1.19（b）］，半径在 1～4Å 之间的测试球保留。SurfNet 已可供下载（见表 1.4）。

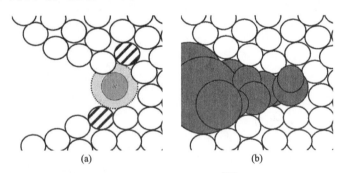

（a）　　　　　　　　　　　（b）

图 1.19　SurfNet 算法[37]

表 1.4　可供下载的配体结合位点识别工具的网址

类型	方法	网址
口袋检测	SurfNet VOIDOO PASS	http：//www. biochem. ucl. ac. uk/~roman/surfnet/surfnet. html http：//xray. bmc. uu. se/usf/voidoo. html http：//www. ccl. net/cca/software/UNIX/pass/overview. shtml
系统发育分析	Rate4Site	http：//www. tau. ac. il/~itaymay/cp/rate4site. html

1.4.2.2　基于能量的方法

目前，已经形成了一些估算在一个给定点上探针分子（如亚甲基，羟基或胺基）和蛋白之间的相互作用能的方法，其可用来识别与探针亲和的位点。以下对这些方法做一简要的介绍。

（1）Goodford 的方法　Goodford 等发展了一种 GRID 方法，它识别与特定探针类型亲和的位点，这对于从能量轮廓角度分析蛋白质表面以找到有利的位点是特别有用的，该方法目前已广泛应用于以结构为基础的药物设计。因为它能识别蛋白质哪些部分可能与一个类似药物分子的官能团相互作用，例如，已经使用 GRID 方法识别了类似药物分子的氢键势能[54,55]。同时 Miranker 等的多拷贝同步搜索（MCSS）方法[56] 也被用于检测不同官能基团的有利结合位点。然而，无论是什么方法都不能直接用于定位一个蛋白质上的配体结合位点。

（2）Ruppert 等的方法　Ruppert 等发展了在给定点上估算探针和蛋白质之间相互作用能的方法。他们利用 Jain 开发的打分函数[57] 优化三个不同探针类型的相互作用能（疏水性的氢原子；氢键供体：NH，氢键受体：C＝O 等）。他们保留了最有利的相互作用能探针，然后确定"粘点"，这是探针具有最高相互作用能量密度的区域。下一步，口袋生长，通过在"粘点"周围的蛋白空白区定义非蛋白球。最后，增长过程发生，通过把口袋定义的附近的可及探针加进去，扩大粘点为更大的口袋。因此，能量和几何标准都用来定义一个配体结合位点。他们的算法被证明在九个配体结合和两个非配体结合的蛋白质中取得良好的效果。

（3）Q-SiteFinder 方法　Q-SiteFinder 通过聚类蛋白质表面上范德华力（甲基）探针有利的区域来定位配体结合位点（图 1.18）。它使用的 GRID 力场参数[58] 估算在一个涵盖整个蛋白质的三维网格所有点上探针的相互作用能。具有有利能量的探针被保留，并根据它们的空间距离聚集成类。各类根据自己的总相互作用能进行排序。

该算法已被证明在前三名有正确预测的情况下，对于 Nissink 等描述的GOLD 对接测试集（134 个蛋白质-配体复合体）取得了 90％的预测成功率[59]。而对于非结合态蛋白测试集，成功率（86％）呈小幅下降，这可能是因为诱导契合的影响。

Q-SiteFinder 使用一个精确度阈值来判断预测成功与否。精确度定义为与配体距离小于 1.6Å 的探针在一个集群内的百分比。精确度阈值 25％用来定义一个成功的预测，即 Q-SiteFinder 预测发现的一个探针集群中，如果与配体距离小于 1.6Å 的探针所占的比例超过 25％，那么就判定这个探针集群预测成功。对于蛋白质分子来说，这个探针集群所占据的区域是一个真实的结合位点。Q-SiteFinder 把它发现的所有位点按照精确度标准由大到小进行排序，在排名第一的位点作为结合位点的原则下取得了平均 68％ 的准确率。Q-SiteFinder 还与口袋检测类算法 Pocket-Finder 进行了比较、优化，并在与 Q-SiteFinder 相同的数据集下进行了测试。只有在当精确度阈值下降到 0 时，Pocket-Finder 才能够取得与 Q-SiteFinder 相近的成功率。Pocket-Finder 以最大口袋为预测结合位点取得了平均 29％ 的准确率。另外，Q-SiteFinder 和 Pocket-Finder 均提供在线预测服务（表 1.3）。

（4）Pocketome 方法　该算法类似于 Q-SiteFinder，它通过创建一个三维网格，计算出每个点的范德华势能。然后，势能图平滑处理，识别有利结合能和可能结合配体的封套（ligand binding envelopes），体积超过 100Å^3 的封套区域被保留。该算法使用预测发现的封套区域与真实配体结合位点的覆盖率阈值[60] 来判别预测成功与否，当覆盖率阈值设定为 80％ 时，5616 个蛋白-配体结合位点中有 85.7％ 能被正确识别。这些被识别的位点绝大多数是最大口袋。

1.4.2.3　统计和机器学习方法

统计蛋白配体的接触和取向分析也可以用来预测配体结合位点，例如 PATCH[61] 的开发是为了检测碳水化合物结合位点，在测试包含 40 个蛋白质的数据集时取得了 65％ 的成功率。神经网络基于活性位点的相似性[62,63] 辨识，也被用来进行酶的分类。同样，基于表面性质的方法也被用于预测蛋白质相互作用，包括支持向量机的使用[64]。Stahl 等使用 Connolly 算法来计算溶剂可及表面积，并定义表面点的相互作用类型（共五种，分别为脂肪、氢键供体、氢键受体、芳香面和芳香边）。研究工作使用 176 个蛋白质进行神经网络训练，使用 18 个含锌酶进行测试。这些含锌酶中的 16 个，其配体结合口袋被正确识别。这也说明该神经网络可以用于结合位点的分类，也可应用于蛋白质结构鉴定。

1.4.2.4　盲对接

盲对接是一个标准对接工具应用到整个蛋白质的过程。这一过程隐含着结合位点预测能力，同时还能提供正确的配体结合方向相关信息。盲对接的使用前提是配体结构为已知，而其他的结合位点预测工具没有这个条件限制。但是，盲对接速度很慢，尤其是当使用配体来筛选大量蛋白质的时候。因此，盲对接最有用的场景为两个结合分子（受体和配体）结构均为已知，而用户试图找出一种生物相关的结合模式。

Hetenyi 和 van der Spoel[65] 用 AutoDock[66] 进行了盲对接并成功复现了八个复合体的蛋白-配体取向。盲对接项目已经被加入到了 CASP2 对接竞赛[67] 中。CASP2 提出了挑战问题是：给予配体和蛋白质的三维结构，确定其中配体的结合位置。九个小组提交了七个蛋白-配体复合体和一个蛋白质-蛋白质复合体。这次竞赛项目的预测整体效果较好，提交的 77 个预测中，几乎所有的构象都在实际取向的 3Å 范围之内。因此，尽管这种对接模拟速度慢，但其结果对于识别生物结合模式似乎是有所助益的。

1.4.2.5　应用要点

结合位点识别对于虚拟配体筛选和基于结构的药物设计非常重要。它限制搜索空间于蛋白复合物的相关部分，加快了这一进程，减少了假阳性结果。功能位点定位对于从结构到功能也是极为重要的。当进行基于结构的药物设计时，如果对接前没有关于配体结合位点或功能的信息，最好使用几种不同类型的可用工具同时预测虚拟筛选靶标的配体结合位点。另外，以口袋检测和能量为基础的方法也可为基于结构的药物设计确定合适的搜索空间。

1.4.3　蛋白质-蛋白质结合位点预测

蛋白质-蛋白质复合体的实验鉴定是一个昂贵的和耗费时间的过程，且很难应用于短暂型复合体，而同源模建进行复合体的预测只有在相对少数情况是适用的。除同源模建外，另一个预测途径是蛋白质-蛋白质对接[68]。对接程序基于形状互补和静电作用的互相影响进行预测，通过交互面将两个或更多已知的结构或可靠的 3D 立体结构模型契合在一起。虽然在该领域中已经取得了一些成功和进展[69,70]，但这些方法因为蛋白质-蛋白质结合中相互作用力及其构象变化的复杂性等问题所困扰。

随着结构已知蛋白质数目的增长，更多研究小组已经开始提取相互作用蛋白质复合体的基本特征，如形状互补[51,71~76]，化学互补[77,78] 以及两者的结合[79~81]。

对蛋白质-蛋白质相互作用中扮演重要角色的特定氨基酸的预测是实现破译蛋白质的功能机制的重要步骤。蛋白质相互作用表面的残基信息有各种重要的应用，如相互作用实验确认中的突变设计、理解分子识别机制和蛋白质-蛋白质相互作用的药物开发、了解分子识别的机制预测复合体结构和构建详细的代谢变化路径图等。涉及相互作用的残基预测已经成为一个热门研究课题。

许多研究者尝试描述蛋白质-蛋白质相互作用面上的残基特征[20,82~85]。早期工作受蛋白质数据库 PDB 中寡聚蛋白质的有限子集规模所限制[86]，近期已经能够依据相互作用强弱和复合体是否同源来对寡聚体做进一步的区分[84-85]。这些研究揭示结合面上相互作用的残基在每个子集中是不同的，如同源二聚体界面比异源二聚体有更多疏水残基，而且，结合力强的短暂型复合体倾向于包含具有较大个头的单体，其结合界面相对不平并且常常比结合力弱的短暂型复合体疏水性更强[84]。基于这些结论，相互作用残基预测可能只能依赖序列数据[85]。

最近的研究表明，蛋白质表面热点（这些残基如果突变成丙氨酸将引起结合能大幅下降）有可能用于预测其物理化学性质[87,88]。热点也被应用于在蛋白质结合位点中发现保守残基，热点残基能被用来预测蛋白质-蛋白质结合位点[89~91]。

尽管结合表面和非结合表面存在这些不同之处，但诸多研究工作得出的一致结论是：这些不同之处并非是使蛋白质相互作用位点能够被简单预测的关键特征。基于结构[92~106]或序列[107~110]信息，许多研究小组已经为结合残基预测开发了相应的计算方法。大多数的预测方法使用的特征比较集中，比如考察疏水性特征且设计预测模式、利用蛋白质表面残基的形状和电荷，以及使用机器学习方法来预测结合残基。这些方法也都得到了相似的预测正确率。

1.4.3.1 结合残基的特性

结合位点预测依赖于蛋白质复合体结合面上残基的特性，比较结合面和非结合面部分的特性大体上拓宽而且加强了我们对蛋白质的理解。其中最显著的特性包括：

（1）序列保守性 结合残基比非结合残基相对要保守得多[97]。一般认为，保守性可能是生物进化过程中保持蛋白质特定功能或结构的需要[34]。

（2）氨基酸组成 在蛋白质-蛋白质结合位点中，疏水的（和芳香的）残基和精氨酸富集，然而其他的带电残基很少[20,97]。这些氨基酸的聚集已经被归因于一种存在于阳离子和芳香性体系之间的相互作用，即阳离子-π相互作用[111]。相对于非结合残基，结合位点中的疏水残基有更强的聚集趋势[112]。

（3）二级结构 结合位点似乎倾向于β-折叠而非α-螺旋，结合位点中的肽链环状结构也倾向于更大[112]。

（4）溶剂可及性 结合残基比非结合残基有更大的溶剂可及性[83,104]。后者在蛋白质复合体形成时不发生分子间相互作用，这样就倾向于最大化分子内相互作用以减少它们的溶剂可及性。溶剂可及性能从蛋白质序列预测，这些方法一般使用结合残基表示不是十分精确的数据集来训练，一般会低估结合残基的溶剂可及性。有研究发现，溶剂可及性的预测值和实际值之差比单纯的溶剂可及性有更强的区分残基的能力[95]。对于每种氨基酸，参照二级结构分类，对溶剂可及性进行进一步的分类可能会提高溶剂可及性的区分能力。

（5）侧链构象熵　结合残基中很少能够采集到种类多样的旋转异构体，这可能是为了在形成蛋白质复合体时付出最小化的熵代价。

（6）温度因子（B 因子）　结合位点上的残基柔性比蛋白质表面的其他部分小[113]，这也表明结合残基在结合过程中具有较少的侧链构象熵损失。Chung 等[102]把归一化的 B 因子作为保守分值，即减少柔性区域残基的保守分值和增加刚性区域残基的保守分值。当使用源自复合体的结构预测结合残基时，包含 B 因子会提高其准确性，但是当单独使用解析的非结合蛋白时准确性就小得多。

（7）静电势　静电作用能够驱动很多复合体的形成，而最后取向的特异性可能是由更特异的相互作用来驱动的，比如氢键、盐键和疏水区域的相互作用[20,114]。诸多研究工作有一个重要的共同发现：在蛋白质-蛋白质结合位点上存在着带电和极性残基聚集[20,115~118]，这些聚集具有一定的功能意义，它们也帮助提高了预测器的性能。

1.4.3.2　结合位点预测方法

一般说来，目前相关方法所使用的特征结合残基识别能力还是相当弱的。识别过程中，来自多个残基的多种类型的数据都需要用来把蛋白质单个表面残基区分成结合或非结合残基。典型的，多个残基即指残基及其空间邻居[97]，这是因为一个结合位点就是由空间相邻的残基所构成的，但也有方法仅仅使用蛋白质序列[98]。从计算方法角度讲，结合位点预测方法能被分为基于数值优化和概率统计的方法，两类方法都依赖于数据集的训练。总之，识别过程中仅仅表面残基被考虑用于结合位点预测。

在第一类方法中，一个残基 i 的预测值用下面公式来表示：

$$S_i = f(x_i, x_{j \in n}, c)$$

式中，x_i 为残基 i 的输入数据；$x_{j \in n}$ 为残基 i 的相邻残基的对应输入数据；c 为通过训练所决定的一组系数。

残基 i 的状态可能是 I，即结合残基；也可能是 N，即非结合残基。这个残基的最后状态是由预测值 S_i 来决定的。而训练的目的就是最小化训练数据集中预测值与实际值间的差距。已经发展出一些基于数值优化的方法，简述如下。

（1）线性回归[106,119]　这种方法中，上面计算公式中的 S_i 是输入数据的线性函数，比如溶剂可及性，c 作为系数。这种方法的优势在于简单实用。

但一般来讲，线性回归在性能上落后于其他方法。

（2）打分函数[91,94,103,120～122]　　打分函数是在有了经验能量函数后建立起来的，它由包括不同贡献的数据项组成。这些单个数据项的函数形式通常比线性回归要复杂得多，也有更好的区分能力。但所引入的数据项需要有明确的物理学意义。

（3）支持向量机[64,93,100,102,110,123～125]　　这类方法中，输入数据被非线性地映射到一个特征空间，然后得到一个超平面，它可以最优地方式把 I 状态和 N 状态对应的数据点分离开。这类方法在性能上优于线性回归，属于黑箱类方法。

（4）神经网络[92,95,97,98,104]　　典型的神经网络有一个由中间节点组成的隐层，它的输入数据被线性组合到节点上，输出数据反馈到最终的输出节点，通过训练数据的预测值与实际值差的最小化得到节点输入数据线性组合的系数或者权重。也就是说，这是一种性能和算法透明性之间的平衡。

（5）随机森林[126,127]　　随机森林（random forest，RF）是一种基于决策树的分类器，首先，通过自助法从总样本集中提取样本子集从而构建分类树，然后，利用投票（voting）机制综合各分类树的结果得到最终分类结果。在构建分类树时，未被选中的样本组成袋外（out-of-bag，OOB）数据集，用袋外数据进行测试得到袋外误差（out-of-bag error，OOB Err）。随机森林操作方便、结果可靠，还具有特征数据不需要预处理、能方便地处理多类问题、适用于变量数目远大于样本数目的问题、不易过拟合（overfitting）、分类结果稳定等特点。

概率方法的目标是发现条件概率 $p(s \mid x_1, \cdots, x_k)$，这里 $s = I$ 或者 N，x_1 到 x_k 是待预测残基的输入数据，当 $p(s \mid x_1, \cdots, x_k)$ 大于一个阈值时结合残基被预测。这类方法简述如下。

（1）朴素贝叶斯方法[112]　　假定不同的输入数据 x_1 到 x_k 是独立的，导出：

$$p(s \mid x_1, \cdots, x_k) = p(s) \prod_{l=1}^{k} \frac{p(x_l \mid s)}{p(x_l)}$$

式中，$p(s)$ 为训练数据集中状态 s 的比例；$p(x_l)$ 为整个数据集中输入数据 x_l 的概率密度；$p(x_l \mid s)$ 为状态为 s 的数据子集中输入数据 x_l 的概率密度。

（2）贝叶斯网络[99]　　当两个输入数据 x_1 和 x_2 已知不是相互独立时，它们对 $p(s \mid x_1, \cdots, x_k)$ 的贡献就不再是 $p(x_1 \mid s) p(x_2 \mid s)$，而是联合概率 $p(x_1, x_2 \mid s)$。

（3）隐马尔科夫模型　　这类方法包含一个状态链，如"多序列比对中与 I 位置匹配""多序列比对中与 N 位置匹配"、插入和删除。每个状态都能从20种氨基酸中释放出一种或者保持沉默（就像处于删除状态）。状态链是隐藏的，但氨基酸链即蛋白质序列是可观察的。隐马尔科夫模型能给出概率值 $p(s_i = I \mid a)$，即蛋白质序列 a 中残基 i 是结合残基的概率。

（4）条件概率场[105]　　这类方法中，沿着蛋白质序列上每个位置都被赋予一个状态标识，即 I 或者 N。给定蛋白质序列 a，状态标识序列是 s 的概率，采取下面形式：

$$p(s \mid a) \propto \exp\left[\sum_l \lambda_l \sum_i f_l(s_{i-1}, s_i, a) + \sum_l \mu_l \sum_i g_l(s_i, a)\right]$$

式中，f_l 为序列 a 中被标识为 s_i 的残基 i 的贡献分；g_l 为序列 a 中被标识为 s_{i-1} 的残基 $i-1$ 的贡献分；λ_l 和 μ_l 为系数或权重。

训练以后，权重 λ_l 和 g_l 值固定，可以把状态标识序列预测为使 $p(s \mid a)$ 最大的标识序列。一个聚类过程经常被用来筛选表现出强烈结合位点标识的残基。这也可用来去除离散的残基，从而选择最优可能的残基聚类作为最后的预测。

1.4.3.3　面临的挑战

在过去几年里，结合位点预测方法有了很大的进步。目前，对于来自蛋白质结构数据库 PDB 的复合体形式的蛋白质，已经可以达到令人满意的预测效果。但是，从应用角度讲，预测精度仍然不能满足目前的需要。另外还有如下几个挑战性问题存在。

（1）大规模构象变化　　对于结合位点预测，大规模构象变化如结构域-结构域重排，可能是非常不利的。这种情况下，原来在复合体中的结合残基可能因为其在非结合结构中是分散的而被聚类过程去除。

（2）一个蛋白，很多配体　　如果一个蛋白质和很多配体蛋白结合，并在其表面的不同部位形成结合面。这可能使不同的位点同时被预测到，然而究竟配体结合于蛋白质上哪个位置，仍需要生物化学数据进一步分析。

（3）多体复合体　　对于由两个或两个以上蛋白组成的超大复合体，其可被看做逐次增加一个蛋白而形成。这种情况下，结合位点可以被依次顺序预测。但是，这种模式是否是广适的，是否还存在着其他的结合模式，仍需要进一步探讨。

所有这些存在的问题，都亟需新的模型、理论和方法来解析，以进一步提高结合位点的预测能力。

1.5　本研究的主要工作

蛋白质-配体结合位点信息是目前研究蛋白质功能机制的主要途径，也是基于结构药物分子设计的先决条件。配体结合位点已知的情况下，可以通过定点突变、核磁共振等实验手段分析蛋白质-配体相互作用机制，也可以使用分子动力学等模拟手段观察蛋白质-配体相互作用的动态过程，还可以将实验和计算模拟两者结合起来研究分子间的相互作用机制。在基于结构的药物分子设计方面，如果靶标蛋白的结合位点已知，便可以使用分子对接方法从小分子化合物库中筛选有活性的先导化合物，或者使用分子片段生长方法生成全新的活性小分子。本书旨在介绍蛋白质结合位点的预测方法，主要研究内容如下。

1.5.1　基于氨基酸组成偏好的配体结合口袋识别方法

对于蛋白质-配体的结合位点，依据其所具有的独特几何特征，即凹陷（多数呈口袋形状），我们提出基于氨基酸组成偏好的配体结合口袋识别方法，分为两步。第一步，寻找口袋区域，由 POCKET 程序来完成，它的算法基于α-形状理论和离散流理论。第二步，识别结合口袋，我们设计了新的基于原子和原子接触对偏好模型，使用这些偏好模型可以计算口袋的偏好值。结合口袋大小属性，我们设计了两种配体结合口袋识别方法：基于全局口袋氨基酸组成偏好和局部口袋氨基酸组成偏好的识别方法。计算结果表明，基于原子和原子接触对的偏好模型在识别结合口袋方面要优于传统的基于残基的偏好模型。并且，用相同的数据集测试，基于局部口袋氨基酸组成偏好的识别方法能够取得与近来发表的识别方法相当的准确率。

1.5.2　使用随机森林方法进行蛋白质结合位点的预测

与蛋白质-小分子配体结合位点相比，蛋白质-蛋白质分子的结合表面较为平坦；虽然有疏水性区域，但其聚集程度较低，在几何特征及物理化学性质方面，它也不像蛋白质-小分子配体结合位点那样具有突出、易于区分的特征。所以蛋白质-蛋白质结合位点预测的难度更大一些。

随机森林是一个包含多个决策树的分类器，并且其输出的类别是由森林中每棵树输出的类别的众数而定。作为一种机器学习算法，它具有诸多优点。比如，对于多种数据资料，可以产生高准确度的分类器；能处理大量的输入变量，并且能评估变量的重要性；对于不平衡数据，能平衡误差等等。

我们提出了一个基于单块的残基属性定义模型用来描述残基特征，即把目标残基周围的 9 个残基组成的块的属性作为它的属性。把这些属性作为输入特征向量，用随机森林构建预测器。对于配体结合位点数据集，这个预测器表现良好。但是这个基于单块的模型用于蛋白质-蛋白质结合位点数据集时，未能取得理想的准确率。

考虑到蛋白质-蛋白质结合位点特征不明显，对残基的定义，增加了属性的数量，同时考虑目标残基周围远近范围残基分布的特点。这样，我们设计了一个基于多块的残基属性定义模型用来描述残基特征。对于蛋白质-蛋白质结合位点数据集，与最近发表的方法比较，由基于多块的模型训练得到的随机森林预测器取得了较好的结果。

1.5.3　残基聚类方法及其对蛋白质结合位点预测的应用

立足于蛋白质分类思想，重点研究了基于残基定义优化的数据划分对蛋白质-蛋白质结合位点预测的影响。对于标准数据集，基于随机森林算法使用迭代方法将蛋白质数据集划分成子集，利用子集分别构建预测器，使用距离度量方法对测试数据进行预测器分配，利用相似原理提高蛋白质-蛋白质结合位点预测效果。

利用最小协方差行列式（MCD）和马氏距离设计了新方法，MCD 进行分类并控制子集规模，马氏距离用于为独立测试数据分配预测器，使用两个独立数据集测试表明分类操作可以提高预测性能，与当前流行方法比较，也能取得相当的效果。再者，由于基于 MCD 和马氏距离的方法预测效果的取得是以预测数量损失为代价的，所以针对预测器的分配，我们研究了多种距离测度方法，通过控制预测数量损失来评价不同距离测度方法的适用性，研究表明，随机森林算法衍生出的邻近距离在测试中的性能最优。由于邻近距离来源于随机森林分类器构造过程，从而汲取了残基分类中关键的残基描述变量优先级信息，这也提示基于分类过程来设计距离测度方法是一个很有希望的途径。

1.5.4　蛋白质结合位点预测辅助分子对接

分子对接是目前常用的一种描述生物分子相互作用的模拟方法。在药物分子设计领域，作为一种虚拟筛选工具用来从成千上万的小分子中挑选出先导化合物，也被用来做配体分子设计。由于蛋白质复合体结构较难获得，然而它对于研究生物机制又不可或缺，所以分子对接也被用来由蛋白质单体结构预测蛋白质-蛋白质复合体结构。

　　目前，分子对接技术仍然面临着一些技术上的限制，包括大且复杂的构象搜索空间和打分函数的精度和效率。结合位点信息可以在这两个方面为分子对接提供帮助，途径有两种：前端使用和后端使用。前端使用是利用已知位点信息缩小构象搜索空间的范围，后端使用是利用已知位点信息从众多对接姿态中挑选出近自然构象。

　　我们把基于随机森林的预测器用于辅助分子对接。配体结合位点预测信息用于提前确定对接区域范围，在测试中，通过比较，本研究采用的方法要大大优于 Accelrys Discovery Studio 中的结合位点识别方法。蛋白质-蛋白质结合位点预测信息被转换成一个分值用来对对接结果中的对接姿态进行打分排序，通过比较近自然构象挑选能力，本研究所用方法的效果与 ZDOCK 打分函数相当。

第 2 章
基于氨基酸组成偏好的配体结合口袋识别方法

2.1 引言

对于生物学和药学研究来说，对分子识别机制的理解是非常重要的。蛋白可药性（protein druggability），即评估蛋白质作为药物靶标的可能性，是目前药学研究中一个热点内容。它主要是探索蛋白质和类药小分子间的特异性结合以及类药小分子对蛋白质分子的调控[128]。这种特异性结合就属于分子识别中要研究的问题。

对于蛋白可药性预测，通常依赖于蛋白质靶标的 3D 结构，分为两个步骤：识别类药小分子的结合口袋和评价口袋的可药性[2,128]。

POCKET 软件是基于几何的口袋发现算法，它是依据 α-形状和离散流理论[44,129] 的一种精确解析型[130] 方法。它是斯坦福大学和杜克大学开发的 CAST[43] 的单机本地版本。POCKET 软件具有以下功能：①能识别出组成口袋的原子及残基；②计算口袋的体积和溶剂可及表面积；③识别组成口袋张口处边沿的原子及残基；④计算每个口袋张口的数目；⑤计算口袋张口的面积和周长；⑥定位洞穴及测量其尺寸。由于 POCKET 优秀的功能特性，它作为基本工具用于本章的口袋发现研究。

先前的一些研究表明，配体结合位点具有两个鲜明的特征。一是大口袋特征，即配体结合位点倾向位于蛋白质中最大的口袋，也就是说大口袋比起小口袋更有可能结合配体。这一几何特性已经为最近的结合位点预测研究所利用，Glaser 等仅考虑最大的四个口袋用来预测配体结合位点[131]；Soga 等在 PLBs

的计算中隐含使用了口袋尺寸[132]；Nayal 等[133] 统计了具有显著预测能力的 18 种特征，其中 3 种直接与口袋尺寸有关，5 种是与口袋尺寸间接相关。二是残基偏好特征，即某些氨基酸残基在配体结合口袋中有偏好性分布，这一特征通常被用来识别蛋白质-蛋白质结合位点[16,23]，有些研究也使用它预测配体结合位点[106,132,133]。Nayal 等[133] 指出作为一种残基偏好，脯氨酸组成比例是从 408 种属性中筛选到的 18 种具有重要预测能力的属性之一。

本章的主要目的是描述我们发展的识别小分子配体结合口袋的方法，它有两个基本步骤：寻找蛋白质分子表面上的口袋和评价口袋与小分子配体结合的可能性。第一步寻找蛋白质分子表面上的口袋。我们使用 POCKET 程序来完成口袋发现，在得到口袋的同时，还获得了其原子或残基组成以及几何性质；第二步评价口袋与小分子结合的可能性。我们定义了新的氨基酸组成偏好模型，利用偏好性质和口袋尺寸属性联合进行配体结合口袋的识别。根据具体识别方法的不同，研究了基于全局口袋氨基酸组成偏好和基于局部口袋氨基酸组成偏好的两类配体结合口袋识别算法。

2.2 基于全局口袋氨基酸组成偏好的配体结合口袋识别方法

2.2.1 材料与方法

2.2.1.1 训练数据集

训练数据集选自 Soga 等的论文[132]，总共包括 41 个蛋白质复合体，这些复合体都是从与药物配体结合的蛋白质中精选出来的。具体筛选条件如下。

（1）高质量 X 射线结构 结合位点上氨基酸残基的识别是通过配体的非氢原子来实现的，所以可靠的非氢原子坐标对于结合位点识别研究来说非常重要。特别是对于训练数据，高质量 X 射线结构的要求是基于预测精度提出来的。

为了使所有的非氢原子都有确定坐标的结构，用下面的标准从 PDB 数据库中提取结构：$R_{\text{free}} < 0.24$；分辨率（resolution）$\leqslant 2.5 \text{Å}$；所有非氢原子的占用因子（occupancy factors）$= 1.0$；所有非氢原子的原子替代参数（atomic displacement parameters)＜30Å。

　　如果一个蛋白是多聚体，那么具有最小原子替代参数值的单体被选择。

　　（2）结合类药配体的蛋白质复合体　　分子类药性质谱[134]由多个分子描述子组成，可以用来判断一个分子在多大程度上"像"药物。表 2.1 中列出了14 种描述子及其范围，并且它们被用来去除非类药分子。如果一个配体的描述子中有 12 个落到相应的范围之内，那么这个配体就被当做类药分子，其对应的复合体被进一步考虑。

　　另外，在 PDB 中有很多配体含有多个磷原子，然而，从药物相似性的角度来看，这些配体是不适当的。因此，所有含磷原子超过一个的配体均被去除。

表 2.1　14 个分子描述子的值分布[132]

描述子	范围
weight	[165，555]
SlogP	[−1.18，5.30]
SMR	[4.34，14.46]
TPSA	[13.0，165]
density	[0.73，0.99]
vdw _ area	[165，497]
vdw _ vol	[181，623]
a _ acc	[1，7]
a _ don	[0，6]
a _ hyd	[6，26]
KierA1	[7.82，26.3]
KierA2	[3.13，11.8]
KierA3	[1.48，7.32]
KierFlex	[1.68，8.82]

　　注：weight 表示分子量；vdw _ area 表示使用连接表近似计算得到的分子范德华表面面积；vdw _ vol 表示使用连接表近似计算得到的分子范德华体积；density 表示分子的密度（分子量除以范德华体积）；a _ acc 表示氢键受体原子的数目(不计入酸性原子但计入同时作为受体和供体的原子，比如—OH)；a _ don 表示氢键供体原子的数目(不计入碱性原子但计入同时作为受体和供体的原子，比如—OH)；a _ hyd 表示疏水原子的数目；SlogP 表示 Crippen 方法计算的疏水性；SMR 表示 Crippen 方法计算的摩尔折射率；TPSA 表示拓扑极性表面面积；KierA1，KierA2，KierA3 和 KierFlex 表示分子连接指数。

　　（3）非冗余结构　　当一个蛋白质复合体包含有多个一致性配体时，仅仅具有最小平均原子替代因子的配体被保留。如果一个配体与多个同源蛋白质分子形成复合体，仅仅具有最小 R_{free} 的复合体结构被选取。最后训练数据集（图 2.1）中最大的序列一致性百分率为 48%。图 2.1 列出了训练数据集包含的蛋白质复合体的 PDB 编号并且展示了配体结构的多样性。

2.2.1.2　测试数据集

（1）测试集 I　测试集 I 包含 80 个蛋白质-配体复合物，这些复合物是按照下面 8 个标准从 PDB 库中筛选得到的。

① 配体分子量在 165～555 之间。

② 配体不属于 DNA、RNA 和糖类，因为与 DNA、RNA 和糖类结合的蛋白质有较低的可药性[2]。

③ 排除酶-底物复合体及仅与 NAD、NADP、NMN、FAD 或溶质任何一种配体结合的复合体。因为这些类型的分子一般不具有类药性。

④ 通过 X 射线方法得到的结构。

⑤ 分辨率≤2.5Å，R 因子≤0.24。

⑥ 配体与蛋白质分子间为非共价结合。

⑦ 蛋白质间的序列一致性小于 30%。

⑧ 蛋白质与训练集中的任何成员的序列一致性均小于 30%。

①、②、③和⑥可以简单地确定配体具有一定的类药性，④和⑤可以使测试集 I 具有高质量的结构数据，这在一定程度上能保证基于原子的偏好和基于原子对偏好的精确计算。非冗余性及与训练集数据的非同源性由⑦和⑧决定。

（2）测试集 II　测试集 II 是一个非冗余的数据集，包含有 99 个蛋白质-类药配体分子复合体。它曾被用于研究分子对接[135] 和蛋白质表面凹穴性质[133]。本节中，使用它来测试我们发展的结合口袋识别方法。

2.2.1.3　配体结合口袋的定义

蛋白质被去除掉所有配体以后，其结构以 PDB 格式输入 POCKET 程序，结果得到蛋白质分子上的所有口袋以及相关数据，如口袋尺寸（面积和体积）和组成口袋的原子信息（原子化学类型和所属的残基类型）。

对于一个蛋白质复合体，如果一个口袋的任何非氢原子与配体的任何非氢原子间的距离小于等于 4.5Å，那么就表明这个口袋与配体发生接触。如果一个口袋中与配体发生接触的非氢原子数大于其全部组成原子数的 10%，这个口袋就被定义为配体结合口袋，反之，这个口袋就被定义为非结合口袋。

2.2.1.4　三种氨基酸组成偏好

我们计算了三种氨基酸组成偏好，它们使用了相同的统计学计算方法，只

1AZ1

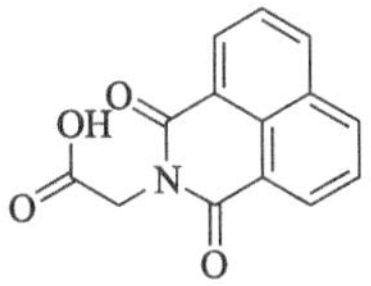

1DDR

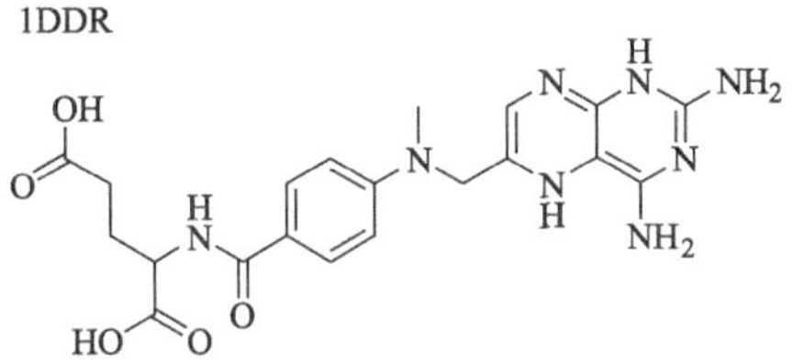

1FH8

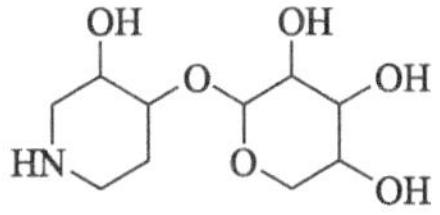

1GVG

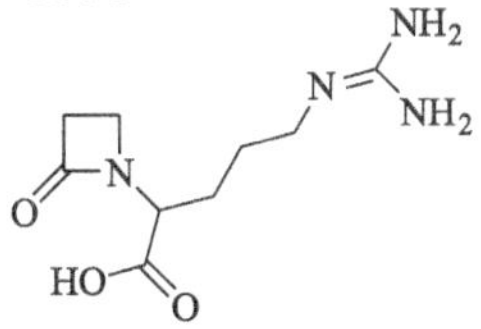

1H1D

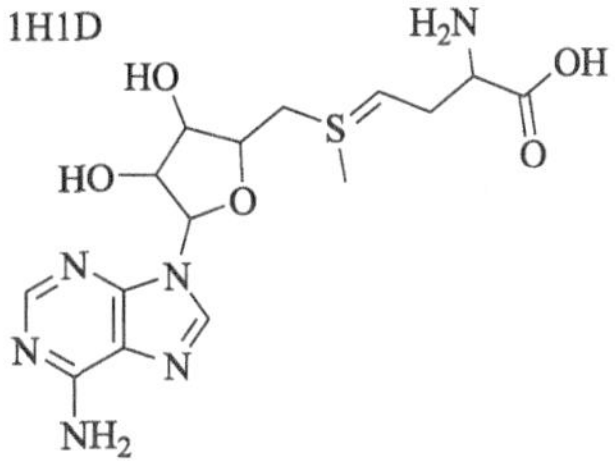

1H60

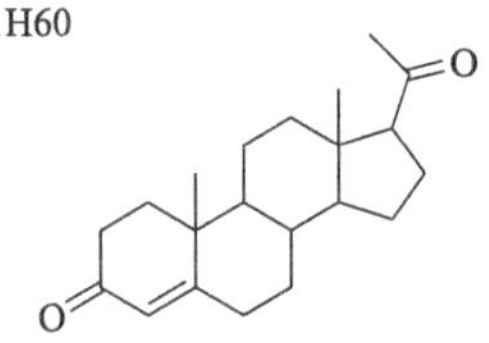

1J41

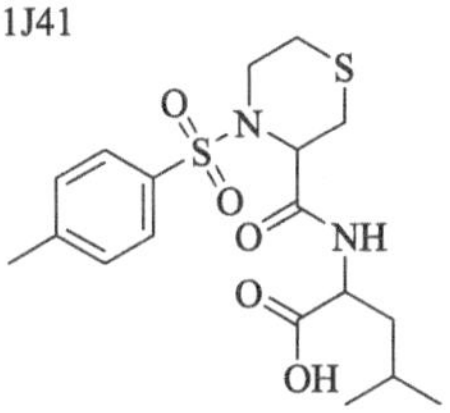

1J96

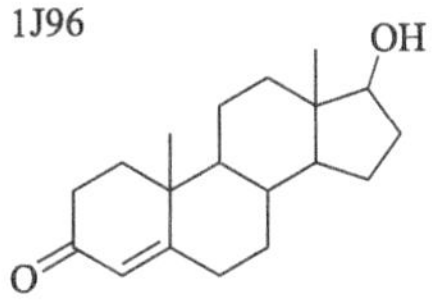

1JAK

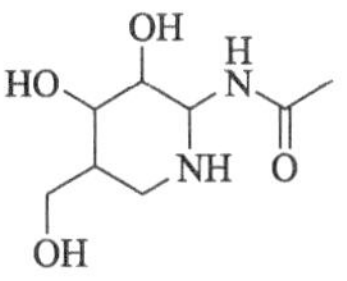

1KL1

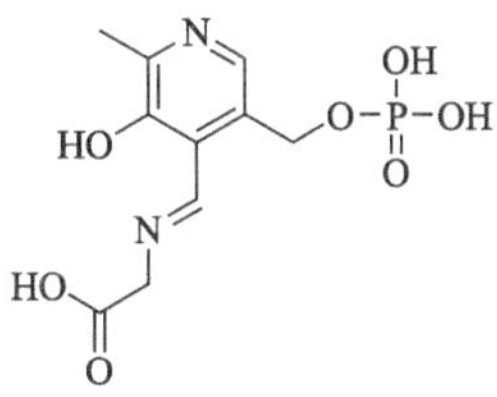

1KRM

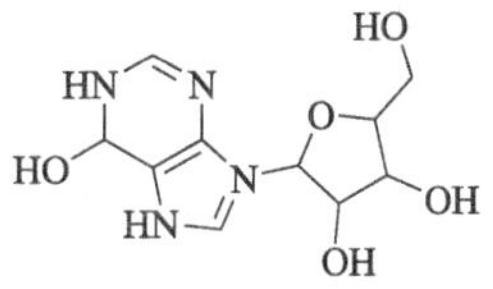

1L6G

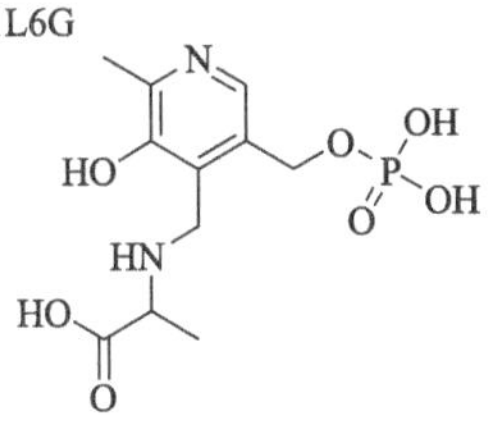

1LCV

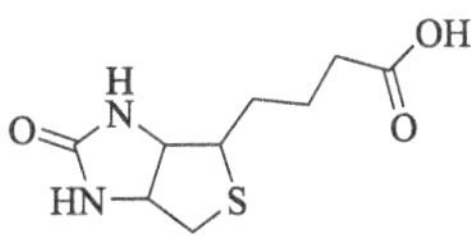

1L14

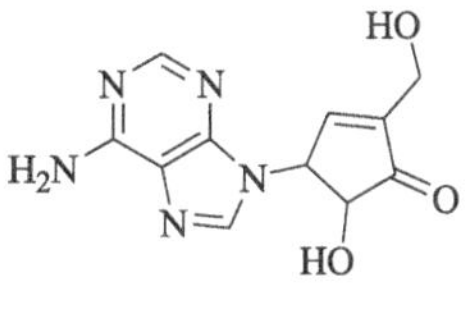

图 2.1

1L1J

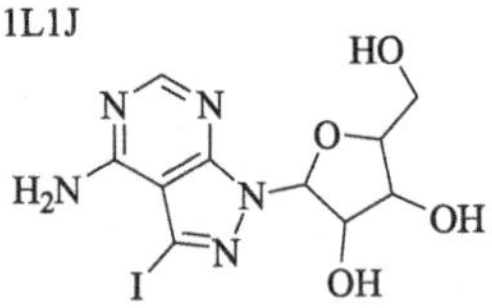

1MVC

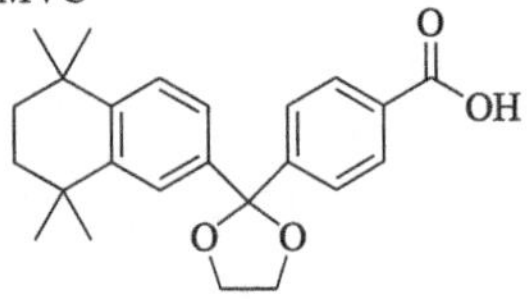

1N1T

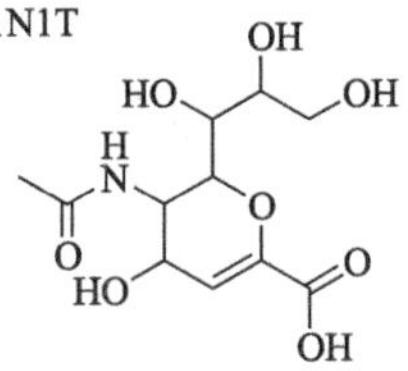

1NC1

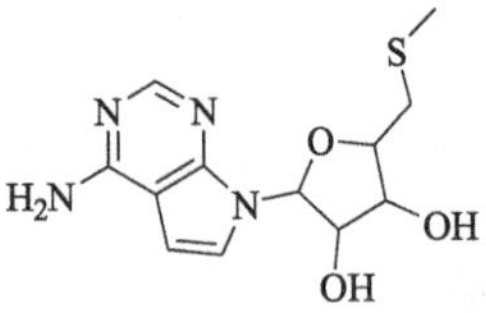

1NM6

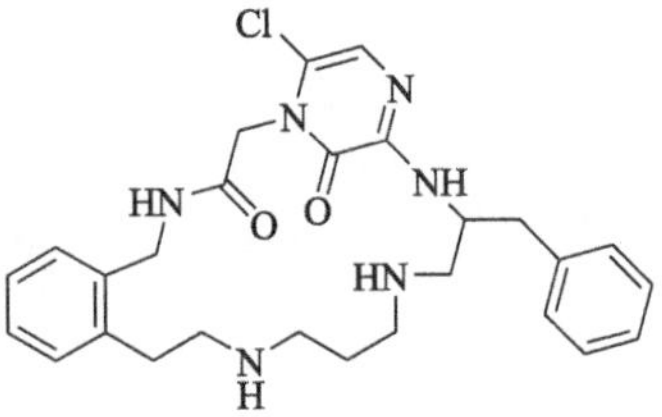

1P4J

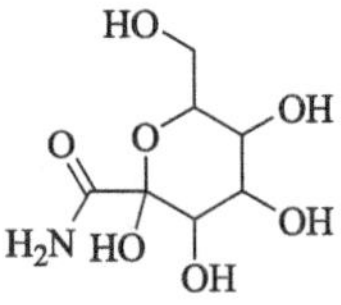

1P5Z

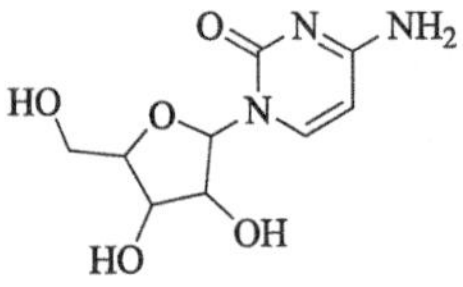

1PR6

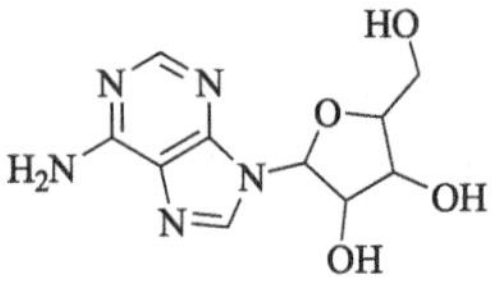

1PX0

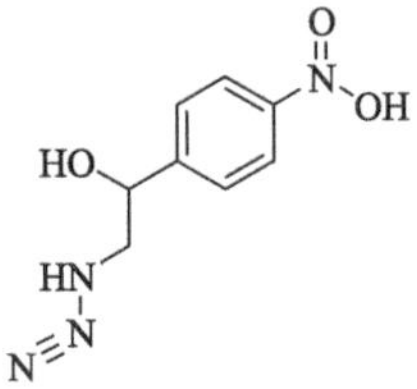

1Q91

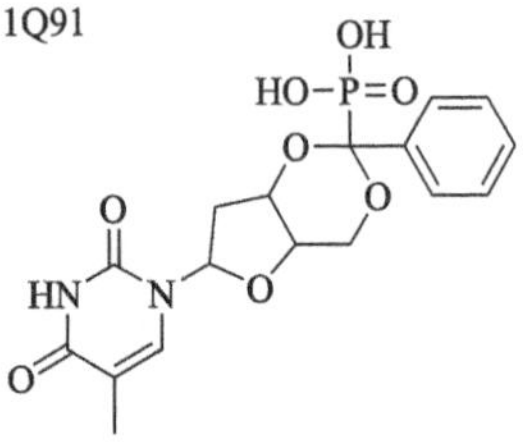

1QXW

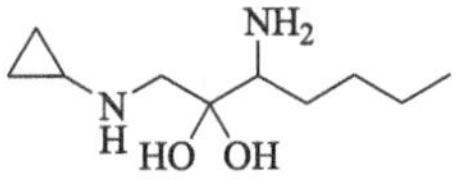

1S3U

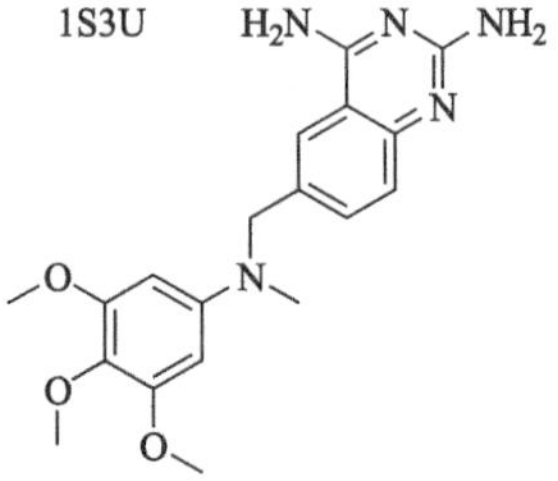

1SA4

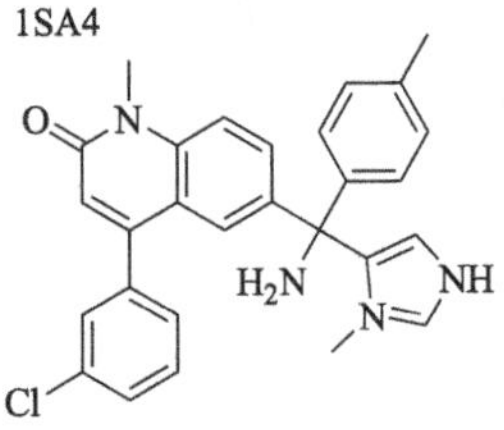

1SG0

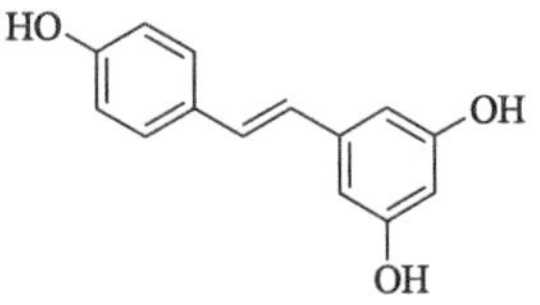

1SQT

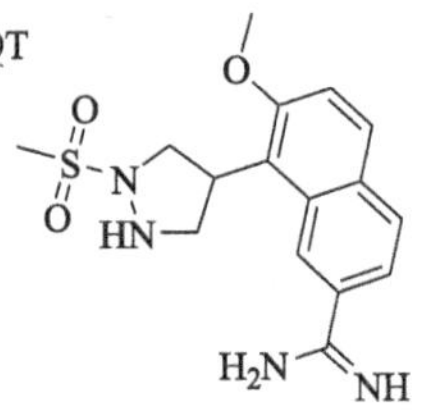

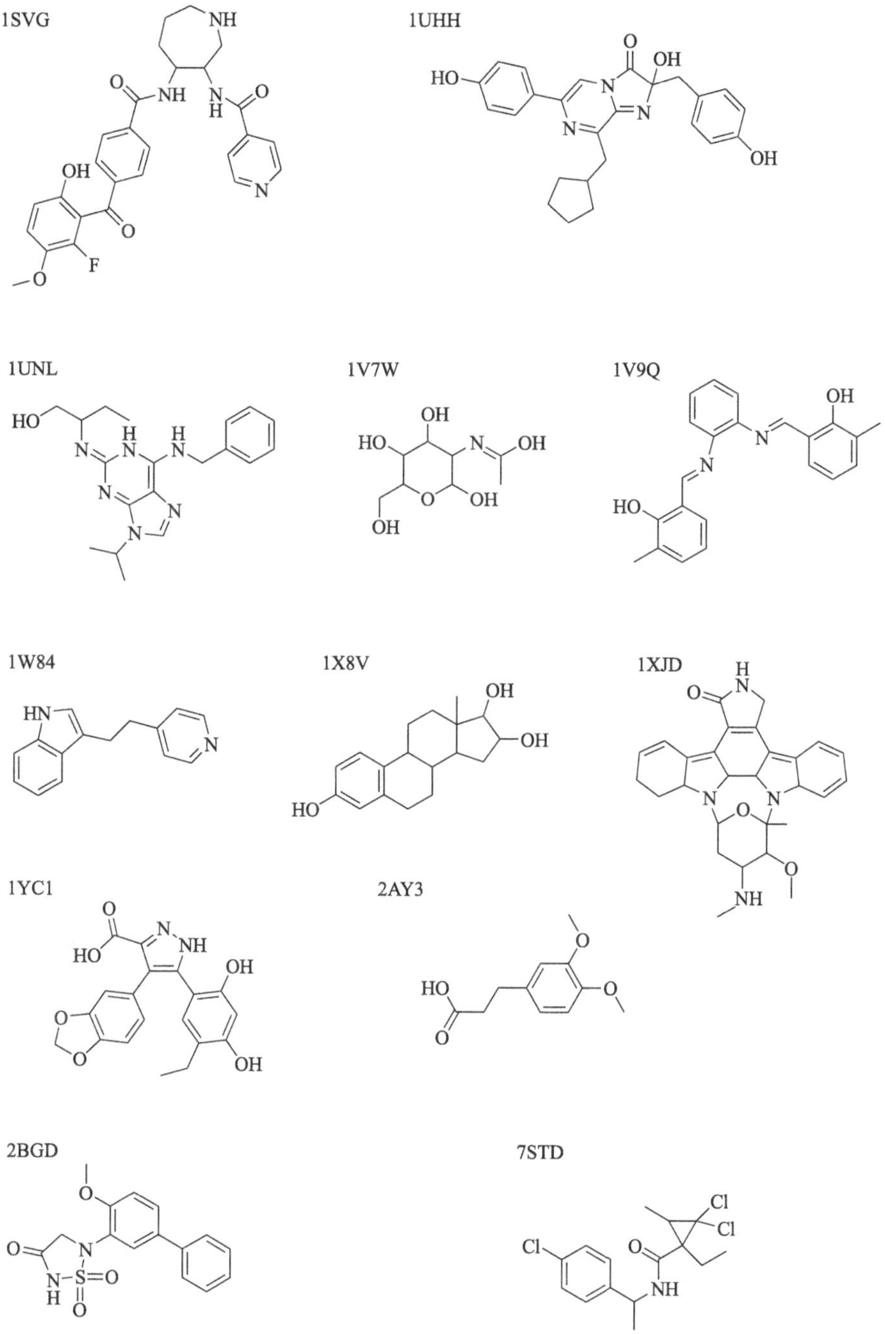

图 2.1　训练数据集中配体化学结构及 PDB 编号[132]

是统计对象不同。这三个统计对象分别是口袋中的残基、原子以及原子接触对。残基就是 20 种标准氨基酸，残基类型也对应于这 20 种氨基酸。对于原子对象，其类型不使用其化学原子类型，而把其类型定义为其所属的残基的氨基酸类型，所以原子对象也对应于 20 种标准氨基酸。在原子对象类型定义的基础上，原子对类型也可以定义。原子类型有 20 种，那么按照下面公式计算共有 210 种原子对类型，C 为组合计算符号。

$$\text{sum} = \frac{C_{20}^2}{2} + 20 \tag{2.1}$$

关于原子接触对，口袋中任意两个原子如果两者间距离小于等于表 2.2 中列出的相应的数值，就定义这两个原子为一个原子接触对。

表 2.2　定义原子接触的距离阈值[136]

原子对	阈值/Å	原子对	阈值/Å
C—C	4.1	C—N	3.8
C—O	3.7	O—O	3.3
O—N	3.4	N—N	3.4
C—S	4.1	O—S	3.7
N—S	3.8	S—S	4.1

按照下面方法分别计算三种氨基酸组成偏好（residue-based, atom-based and atom contact couple-based preference）。三种偏好的计算使用相同的方法，为方便起见，在下面的方法过程描述中，三种统计目标（residue, atom and atom contact couple）统一称为统计目标，所以下面出现的统计目标这个词可能指的是残基、原子或原子接触对。

如果统计目标的类型总数用 Tot 表示，一个口袋中类型为 x 的统计目标数量为 N_x，则类型为 x 的统计目标在这个口袋中的组成比例 $\text{CSO}(x)$ 被定义为：

$$\text{CSO}(x) = N_x / \sum_{y=1}^{\text{Tot}} N_y \tag{2.2}$$

式中，N_y 代表口袋中类型为 x 的统计目标的数量。

偏好的计算方法是，训练集中所有蛋白的全部口袋和所有配体结合口袋中每种类型统计目标的组成比例分别按照上面描述的方法计算，被称为 $\text{LCSO}(x)$ 和 $\text{TCSO}(x)$，$x = 1, 2, \cdots, \text{Tot}$，$\text{LCSO}(x)$ 和 $\text{TCSO}(x)$ 的比被表示为 $\text{RP}(x)$：

$$RP(x) = LCSO(x)/TCSO(x) \quad x = 1, 2, \cdots, \text{Tot} \tag{2.3}$$

这就是类型 x 的统计目标的偏好值。大的偏好值意味着相对应类型的统计目标更倾向于在配体结合口袋中存在。

按照本小节定义的口袋统称为目标口袋,目标口袋的赋值称为 LBF (Liagnd-binding factor),定义如下:

$$\text{LBF} = \sum_{x=1}^{\text{Tot}} RP(x)CSO(x) \tag{2.4}$$

这里,$CSO(x)$ 是目标口袋中类型 x 的统计目标的组成比例,LBF 定量地描述了目标口袋和配体结合口袋的相似度。一个目标口袋的 LBF 值越大,其越有可能是一个配体结合口袋。

2.2.1.5　识别过程

一般来说,配体结合口袋应该是具有大尺寸和大 LBF 值的口袋,但是口袋尺寸和 LBF 之间的关系是不容易确定的。所以本小节设计了一个方法发现大尺寸同时又是大 LBF 值的口袋,此即为可能的配体结合口袋。使用三种偏好的识别方法分别被称为基于残基、基于原子和基于原子接触对的方法。

表 2.3　蛋白质 1ITU 中目标口袋的识别过程

口袋	面积/Å²	面积排序	LBF	LBF 排序	新排序	最终排序
1	167.06	1	0.8399	4	5	1
2	162.88	2	0.7433	9	11	6
3	128.87	3	0.8019	6	9	5
4	128.23	4	0.7798	8	12	8
5	125.31	5	0.7829	7	12	7
6	40.91	6	1.177	3	9	4
7	38.18	7	1.366	2	9	3
8	33.47	8	1.414	1	9	2
9	32.96	9	0.8062	5	14	9

注:蛋白质 1ITU 中,口袋 7 和 8 是真实的配体结合口袋。

以一个蛋白质复合体为例,完整的方法过程描述如下。

(1) 从蛋白质复合体的 PDB 文件中去除所有的配体数据,得到 PDB 格式的蛋白质结构。

(2) 把蛋白质文件输入 POCKET 程序,得到所有找到的口袋的面积及组成原子数据。

（3）按照公式（2.3），从训练数据集计算 RP(x)。

（4）去除体积小于 $16\mathring{A}^3$ 的口袋，相当于 1.5 个水分子的体积。因为太小的口袋无法结合配体。剩下的口袋作为目标口袋用于后续计算。

（5）按照公式（2.4）计算目标口袋的 LBF 值。

（6）按照面积大小，降序排列所有目标口袋。面积最大的口袋赋序值 1，其他的依次赋值。

（7）按照 LBF 大小，降序排列所有目标口袋。LBF 最大的口袋赋序值 1，其他的依次赋值。

（8）每个目标口袋得到的两个序值相加得到总序值，目标口袋按照总序值重新进行降序排序。如果有些口袋有相同的总序值，则这些口袋再按照 LBF 序值进行排序。最后，得到蛋白质分子上所有目标口袋的唯一的排序。

表 2.3 作为一个例子展示了上述识别过程。

识别规则是在最后的排序中靠前的目标口袋可能是配体结合口袋。

2.2.2 结果与讨论

2.2.2.1 三种识别方法的评价

三种识别方法首先应用于测试数据集Ⅰ，它们的测试结果列于表 2.4，表中最大口袋准则的测试结果也被列出用于比较。这里的测试结果具体描述为测试集中配体结合口袋被准确识别的蛋白质的百分比。在表 2.4 中，有 Top1 和 Top2 两种识别规则。Top1 规则是如果排名第一的口袋是真正的配体结合口袋，那么这个蛋白质被认为准确预测；Top2 规则是如果排名前两个口袋中至少有一个是真正的配体结合口袋，那么这个蛋白质被认为准确预测。

从表 2.4 可以看到，在 Top1 规则下本节设计的方法的准确度低于最大口袋准则，但是在 Top2 规则下准确率有很大的提高。从实用角度来讲，Top2 规则是可以接受的，所以下面我们只讨论 Top2 规则下的结果。

按照三种方法的准确率，其识别性能排序按基于原子接触对、基于原子和基于残基的方法依次降低。这三种方法的区别在于它们有不同的统计对象，从而提供了不同的用于识别配体结合口袋的信息。因为即使相同类型的残基也有可能以不同的构象对口袋形成作出贡献，所以基于原子的方法设计在原子水平上考虑残基不同构象对口袋形成的贡献。如果一个残基有三个原子参与了口袋的组成，在基于残基的方法中这个残基的贡献被记作 1，而在基于原子的方法中，这个残基的贡献被记作 3。除了在原子水平上考虑残基对口袋形成的贡献以外，基于原子接触对的方法也利用了口袋表面残基的排布信息，这一点是通过原子接触对的统计得到的。这样，一种原子接触对的偏好值较大时，就意味着组成这个原子对的两个残基倾向于相互接近。表 2.4 中结果表明，在原子水平考虑残基对口袋表面的贡献以及口袋表面上残基的排布，能够大大地提高配体结合口袋识别方法的准确率（从 80.0% 提高到 87.5%）。

表 2.4　三种方法于测试数据集 I 上的评价结果

	最大口袋	基于残基	基于原子	基于原子对
Top1	70.0%	62.5%	61.3%	63.8%
Top2	80.0%	80.0%	85.0%	87.5%

因为 LBF 的计算利用了来自训练数据集的 RP(x)，所以测试数据与训练数据间的同源性必须考虑。测试数据集 I 包含 80 个蛋白质，每个蛋白质与训练数据集中的任何蛋白质的同源性均小于 30%。可以说，测试数据集 I 与训练数据集是远源的，所以方法测试得到的高准确率可以认为并非由两个数据集间的同源性引起的。尽管测试数据集 I 是一个相对小的数据集，但是它是非冗余且具有代表性的数据集。从而得到的结果是可靠、可信的。

为了进一步验证方法的可靠性，测试数据集 II 也被用来测试这些方法。测试数据集 II 是一个非冗余数据集，其包含 99 个带有类药配体的蛋白质复合体，可以用作研究分子对接和药物结合位点的识别。测试结果列于表 2.5 中，尽管测试数据集 II 中有 38.4% 的蛋白质与训练集中有些蛋白质有大于 30% 的序列相似度，但是这三种方法却有着相似的准确率排布，即基于原子接触对、基于原子和基于残基的方法，依次降低。这也说明这些方法的性能是稳定的。

表 2.5　三种方法于测试数据集 II 上的评价结果

	最大口袋	基于残基	基于原子	基于原子对
Top1	66.2%	63.6%	68.7%	75.8%
Top1	83.1%	84.8%	88.9%	90.9%

Soga 等[132] 使用基于残基的偏好，并隐含结合口袋大小识别配体结合口袋，Top2 准则下在他们自己的测试数据集上取得了 86% 的准确率。但是其结果未与最大口袋准则进行比较，这样，我们就不知道在它们的研究中多大程度上基于残基的偏好帮助识别配体结合口袋。另外，在他们的测试数据集中所有

的蛋白质都是单亚基的。如果有一个蛋白质复合体是多亚基的，那么只有其中一个亚基被选入测试集。这样会使数据集拥有更多的符合最大口袋准则的蛋白质。例如，对于我们的测试集Ⅰ，如果按照 Soga 等的数据筛选规则，配体结合口袋位于最大的两个口袋的蛋白质比例将从 80％增加到 88.8％。这样，最大口袋准则将会有很高的准确率，所以这样的数据集是不适合讨论包含有口袋大小属性的识别方法的。另外，他们的蛋白质筛选规则还可能使分子丧失配体结合口袋，比如，测试数据集Ⅰ中的 2QMX 就是这样一个例子，它是一个同源二聚体，它的配体结合口袋位于两个亚基的结合部（图 2.2）。

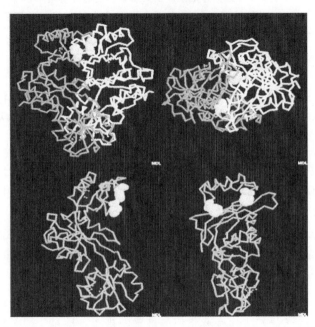

图 2.2　蛋白质 2QMX 结构（上面两个为二聚体形式，下面两个为单体形式）

2.2.2.2　不符合最大口袋准则配体结合口袋的识别

这里的不符合最大口袋准则是指真实的配体结合口袋不是蛋白质分子上最大的两个口袋。在测试数据集Ⅰ中有 17 个蛋白质属于这一类型。基于 Top2 准则，原子接触对方法准确预测了其中的 11 个。使用最大口袋准则和原子接触对方法，这些蛋白质的配体结合口袋的预测序值列于表 2.6。原子接触对方法未能准确识别 1M48，2B6D，2DIO，2GH6，2H6B，2HBQ 六个蛋白质的配体结合口袋，但是，与最大口袋准则比较，除了 1M48 和 2B6D 外，它们的排序都被提高了。从原子接触对方法的预测结果，不符合最大口袋准则的蛋白质的预测准确率为 64.7%，符合最大口袋准则的蛋白质的预测准确率为 92.1%。这表明不符合最大口袋准则蛋白质的配体结合口袋识别是一个相对困难的问题。

表 2.6　最大口袋方法和原子接触对方法于不符合最大口袋准则蛋白质的测试结果比较

PDB 编码	最大口袋方法	原子接触对方法
1F5N	3	1
1ITU	7, 8	2, 3
1M48	3, 4	3, 4
1N0U	3	1
1SQN	4, 5	1, 5
1T5F	5, 6, 7	2, 3, 5
1TV5	3	2
2AZ5	4	2
2B6D	Fail	Fail
2DIO	7	3
2FLI	5, 6, 7, 8, 9, 10, 11, 12	1, 2, 3, 4, 5, 6, 9, 14
2GH6	8, 9, 10, 11	4, 6, 7, 9
2H6B	6, 7	3, 5
2HAI	3	1
2HBQ	5, 7	3, 5
2P2I	5	2
2QMX	4, 5	1, 2

注：Fail 表示 POCKET 程序未能找到配体结合口袋导致识别方法失败。

2.2.2.3　配体结合口袋的氨基酸组成偏好分析

图 2.3 中展示了基于口袋计算的基于残基和基于原子两种氨基酸组成偏好按照 $RP(x)$ 降序排列的结果。由于基于残基的方法的预测准确率较低，所以本小节只讨论基于原子和基于原子接触对两种偏好。在基于原子的偏好排序中，最大的六个 $RP(x)$ 是 Trp、His、Phe、Tyr、Met 和 Gly，最小的五个 $RP(x)$ 是 Lys、Arg、Pro、Glu 和 Gln。这表明，前者的六个残基倾向于分布于配体结合口袋中，后者的五个则相反。而 Arg 在蛋白质-蛋白质结合位点上是一个热点残基[87]，这说明这两类结合位点在残基偏好方面有着较大的区别。

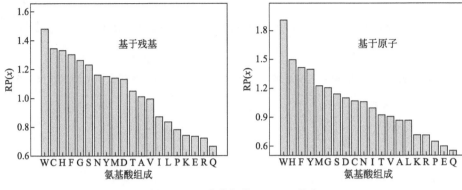

图 2.3   两种偏好的 RP(x) 排序

表 2.7 提供了六个残基（Trp，His，Phe，Tyr，Met，Gly）间原子接触对的 RP(x)，从中可以知道在配体结合口袋中哪些残基倾向于邻近分布。His 是极性残基，其在结合口袋的分布偏好程度较小，而 Phe，Trp 和 Tyr 则倾向于相互接触分布，这可能有利于这些残基聚集形成连续的疏水表面，这对于配体结合非常重要。这也在一定程度上表明聚集的疏水表面是配体结合口袋的显著特征之一。在这点上，蛋白质-配体和蛋白质-蛋白质结合表面是相似的[87]。

在 Soga 的论文[132] 中，Trp、His、Phe、Tyr 和 Met 都有较高的 RP(x) 值，但是 Gly 不是这样。虽然我们基于相同的训练数据集，但本研究采用方法却发现 Gly 在配体结合口袋中也有较大的偏好值。这说明 Gly 对于配体结合口袋的结构和功能也是必需的。因为配体与口袋结合是一个动态的过程，所以残基柔性对于口袋来讲是必需的。然而，Gly 没有侧链，所以其相对于其他残基具有更大的构象自由度[137]。因此，Gly 有可能对口袋柔性产生起重要作用。

表 2.7   六个残基（Trp、His、Phe、Tyr、Met、Gly）间原子接触对的 RP(x)

原子接触对	RP(x)
GLY-HIS	0.967
GLY-MET	1.660
GLY-PHE	0.746
GLY-TRP	1.770
GLY-TYR	0.898
HIS-MET	0.778
HIS-PHE	1.060

原子接触对	RP(x)
HIS-TRP	1.960
HIS-TYR	1.200
MET-PHE	1.700
MET-TRP	1.780
MET-TYR	0.958
PHE-TRP	1.750
PHE-TYR	1.610
TRP-TYR	2.120

2.3　基于局部口袋氨基酸组成偏好的配体结合口袋识别方法

近年来，关于配体结合位点的一些研究把焦点聚集到热点区域的识别上。这是因为人们发现结合位点上有些亚位点（即特定局部区域）对配体和蛋白质的结合能做出了主要贡献[88,138]。利用大的化合物库进行多类型靶蛋白的基于NMR 的筛选表明结合口袋包含有热点区域，它能够结合多种多样的小分子[2]，对于功能基团的结合起关键作用。

由热点概念，我们发展了基于局部口袋氨基酸组成偏好的配体结合口袋识别方法。算法组织如下：在蛋白质分子上定位所有的口袋；对于每个口袋，通过使用氨基酸组成偏好搜索具有最大分值的局部区域，然后用口袋大小来调节局部区域的偏好值，从而得到最后得分；按照最后得分对口袋进行降序排序，使用 Top1 和 Top3 准则进行识别配体结合口袋。

2.3.1　材料与方法

2.3.1.1　口袋过滤

本方法仍然使用 POCKET 程序识别蛋白质表面的口袋。尺寸太小的口袋对于容纳配体是十分不利的，它们只能结合像溶剂这样的小分子，这对于蛋白质功能研究来讲意义不大。所以口袋过滤过程要去除掉一些小的口袋，我们设置 1.5 个水分子的体积（16Å³）作为口袋大小阈值，大于等于 16Å³ 的口袋用于下面分析。

2.3.1.2 氨基酸组成偏好计算

由于基于原子接触对偏好的计算复杂，方法中选用基于原子的偏好，其计算比较简单。考虑到热点属于局部区域，其计算必涉及面积统计，所以，对于氨基酸偏好的计算，使用原子面积统计代替原子数目统计，其他完全参照 2.2 小节中的训练集和方法。

2.3.1.3 热点大小的确定和打分方法

在训练数据集中，蛋白质的配体结合表面的面积范围在 94.32～965.17Å² 之间，因此，假定大于 94.32Å² 结合面对于蛋白质-配体结合的稳定性可能是必需的。所以我们简单设定后续计算需要的热点大小为 100Å²。

对于一个面积为 100 Å² 的表面区域，首先计算二十种氨基酸残基的面积百分比 $[R(x)，x=1,2,\cdots,20]$，然后计算该区域的偏好分值：

$$\text{Score} = \sum_{x=1}^{20} R(x) \times \text{RP}(x) \tag{2.5}$$

式中，$\text{RP}(x)$ 为 $\text{LCSO}(x)$ 和 $\text{TCSO}(x)$ 的比。

2.3.1.4 搜索最大分值区域

对于一个口袋，以任一原子为一区域中心，周围的原子按其距离中心的远近逐步加入该区域，直到该区域的面积达到 100Å²。按照公式（2.5）对该区域进行打分。同理，对口袋中所有原子构成的这样区域进行打分，保留最大分值的区域，称之为热点区域。在后续的计算中，该热点区域将完全代表这个口袋。

2.3.1.5 分值调节

一个大口袋可能要比小口袋具有更多的热点区域，这样，它更有可能结合配体分子。因此，当有两个口袋有几乎相同的热点区域偏好值，但是却在尺寸上差别较大，那么它们的分值应该被调节以支持大尺寸口袋。为了避免口袋分值排序大的波动，$\log_{10}$ 函数被选用来调节热点区域分值。如果一个口袋的面积记作 S，那么最后得分为

$$\text{FinalSore} = \text{Score} \times \log_{10} S \tag{2.6}$$

2.3.1.6 口袋排序和识别准则

对于一个蛋白质，POCKET 计算出其所有的口袋。每个口袋经过按

"2.3.1.1～2.3.1.4" 方法的处理，均得到其最后分值，然后按照这些分值对口袋进行降序排序，再用与 "2.2" 中相同的 Top1 和 Top3 准则来识别配体结合口袋。

2.3.1.7　测试数据集

我们从已发表文献中选取两个测试集用来验证本方法。测试集 I 来自 Perola 等筛选的 99 个非冗余蛋白质-配体复合体，即 "2.2" 中的测试集 II。测试集 II 包含 35 个配体结合态蛋白质和 35 个同源的非结合态蛋白质[60,139]。对于结合态蛋白，结合口袋即为配体结合的口袋，比较容易判断。对于非结合态蛋白质，因为它们与结合态蛋白质是同源的，所以当一个口袋与对应同源的结合态蛋白质上的配体结合口袋有最大的相似性时，我们就认为这个口袋就是非结合态蛋白质上的配体结合口袋。

2.3.2　结果与讨论

2.3.2.1　预测准确率与参数分析

测试集 I 包含 99 个结合类药配体的蛋白质，本小节方法的测试结果列于表 2.8。按照 Top1 准则，该方法在测试集 I 上取得了 78.8% 的成功率，这与最近发表方法[60,131,132,139] 的准确率大致相当，尽管它们有不同的测试集。至少有一个结合口袋在前三的蛋白质比例为 0.959。如果最大的口袋都被预测为结合口袋的话，其成功率为 69.7%。由于算法中没有较耗时的计算，其预测速度非常快。对于一个由 500 个残基组成的蛋白质，预测计算耗时仅约 5s。

本方法的计算只涉及 Score 和 $\log_{10} S$ 两个参数。由于大口袋有较大的表面积能够结合配体以及有较大的空间使配体构象容易调整到最适状态，对于配体结合都有利，所以本方法用 $\log_{10} S$ 对 Score 进行调整以支持大口袋。本方法选择口袋尺寸对 Score 进行调整，希望用这两个参数的共同作用提高本方法的预测能力，而不是仅由口袋尺寸这个参数所左右。由于口袋尺寸在数值上的跨度要大于 Score，在 $\log_{10}$ 函数作用下，两个数间 10 倍的差距能够被转变成 1 倍的差距。所以 $\log_{10} x$ 函数被选取用来避免对 Score 排序造成大的波动。

表 2.8　本实验方法于测试集 I 上的结果

	成功率（Top1）	成功率（Top3）
本实验方法	0.788	0.959

	成功率（Top1）	成功率（Top3）
氨基酸组成	0.687	0.939
口袋尺寸	0.697	0.919

从表 2.8 可以看出，$\log_{10}S$ 对 Score 的调整使预测准确率总体提高了 10%。另外，在 56 个例子中，$\log_{10}S$ 和 Score 结合能够使配体结合口袋排名第一。这些都说明这两个参数互相兼容并且能够比较准确地识别配体结合口袋。但是，也应该指出，有些例子中 $\log_{10}S$ 也对 Score 的预测起了负的作用。测试集 I 中就有两个例子，$\log_{10}S$ 的调整使配体结合口袋的 Score 排名降低，如表 2.9 所示，排名分别从 3 降到 4，但除此以外，$\log_{10}S$ 却使 16 个例子的排名上升。因此，相对于其发挥的正效应，$\log_{10}S$ 的负影响是有限的。

表 2.9 $\log_{10}S$ 使结合口袋排名降低的两个例子

PDB 编码	Score 排序	FinalScore 排序
1ATL	3	4
1CET	3	4

2.3.2.2 与相关研究的比较

将本实验方法与近年来发表的方法 Q-SiteFinder[60]、Morita 的方法[139] 和 SCREEN[133] 进行比较可以发现，Q-SiteFinder 和 Morita 的方法都是通过在蛋白质表面上聚类范德华探针（CH_3）而找到其偏好的结合区域即作为配体结合位点，它们的过程非常类似，但是使用了不同的探针分布策略以及用于计算探针和蛋白质分子间相互作用能的力场参数。SCREEN 是先找到蛋白质分子上所有的口袋，然后通过计算包含 408 个物理化学、结构和几何相关的属性而赋予每个口袋一个可药性指数，通过可药性指数的大小来识别结合口袋。本实验方法采用了与 SCREEN 相似的策略，差异在于我们采用了不同的口袋发现算法和仅仅使用了两个参数来对目标口袋的结合配体能力进行赋值评价。

为了使用非结合态蛋白质对方法进行验证评价，我们选用测试集 II，它包含 35 个配体结合蛋白质和 35 个同源的非结合态蛋白质，Q-SiteFinder 和 Morita 的研究就是基于这一测试集。然而，我们并不能非常精确地把本实验方法与这两种方法进行比较，其原因在于所使用的成功预测标准有差别，我们预测的目标是口袋整体，而它们预测的是配体与探针聚类的重叠空间，即相当于口袋的一部分。所以，对于比较而言，我们仅仅考虑它们的成功率，这些结果呈现在表 2.10 中。Q-SiteFinder 和 Morita 的方法的结果摘自相应的文献，SCREEN 的结果通过 SCREEN web server 计算得到。后者的成功标准与我们的相似。

表 2.10　本实验方法与 Q-SiteFinder，Morita 的方法和 SCREEN 于测试集 II 上的结果比较

方法	结合状态	成功率（Top1）	成功率（Top3）
本实验方法	结合态蛋白质	0.743	0.857
	非结合态蛋白质	0.743	0.857
Q-SiteFinder	结合态蛋白质	0.743	0.943
	非结合态蛋白质	0.514	0.829
Morita 的方法	结合态蛋白质	0.800	1.000
	非结合态蛋白质	0.771	0.857
SCREEN	结合态蛋白质	0.829	0.914
	非结合态蛋白质	0.714	0.857

从表 2.10 看，对于结合态蛋白质的预测，本试验方法比其他三种方法要差，特别是在 Top3 准则下。而在 Top1 准则下，我们的预测准确率与其他方法的相差不大。从实用角度讲，一个预测器对非结合态蛋白质的预测性能比起对结合态蛋白质的要更有意义。所以，本方法主要面向非结合态蛋白质，它们的结合位点或功能都是未知的。下面我们只对非结合态蛋白质的预测结果进行讨论。按照 Top3 准则，我们取得了与 Morita 的方法和 SCREEN 相同的准确率，这要优于 Q-SiteFinder。在 Top1 准则下，我们的结果与 Morita 的方法和 SCREEN 相当，这点也优于 Q-SiteFinder。

从表 2.10，我们也看到，Q-SiteFinder、Morita 的方法和 SCREEN 对非结合态蛋白的性能均比对结合态蛋白预测性能要差。这可以归咎于配体结合，当配体结合时，由于发生诱导契合而使结合位点的构象发生变化。对于像 Q-SiteFinder、Morita 的方法这样基于能量的算法高度依赖于结合位点的构象，从而对由诱导契合发生的构象变化非常敏感。SCREEN 也使用了能量相关参数，比如溶剂能、静电势和侧链熵等。另外，Morita 等也把一些失败例子归咎于蛋白质大且长的配体分子。有 7 个非结合态蛋白质（1CHG、6INS、3APP、1BYA、1HSI、2TGA、5CPA），Morita 的方法未能准确预测，而我们能准确预测其中的 4 个（3APP、1BYA、1HSI、5CPA）。另外，我们在结合态和非结合态数据集中取得了相同预测准确率，这说明本试验方法对诱导契合现象有一定的鲁棒性。本实验方法使用的两个参数分别是氨基酸残基偏好和口袋大小，构象变化对残基偏好影响应该比较小，在测试集 II 中仅有三个蛋白

质中结合口袋的排名在配体结合前后有微弱的变化（表2.11）。另外，$\log_{10}$ 函数也能有效降低因为配体结合而发生的口袋大小变化的影响。所以，这两个参数与能量相关参数比较，其受诱导契合的影响较小。

表 2.11　配体结合口袋排名受诱导契合影响的三对蛋白质例子

结合态蛋白	Score 排序	非结合态蛋白	Score 排序
2YPI	3	1YPI	2
5P2P	2	3P2P	1
6CPA	1	5CPA	2

2.3.2.3　POCKET 对成功率的影响

POCKET 对测试集Ⅰ有两个预测失败例子（1NHU、1NHV），而测试集Ⅱ中有 8 个预测失败例子（1BLH、2PK4、3MTH、6RSA、1DJB、1KRN、1CHG、6INS）。POCKET 是一个基于 α-形状/离散流理论的方法，它吸引人的地方在于其能解析计算口袋体积和面积，但它只能识别口袋开口比它的任意横截面都小的口袋。这十个失败例子的配体结合口袋可能是因不符合 POCKET 的口袋定义。例如，其中的两个蛋白质例子（6RSA 和 1BLH）在图 2.4 中显示。6RSA 的配体结合口袋像一条沟，而 1BLH 的结合口袋张口太大。对于这些口袋，本实验方法应该可以做得更好。

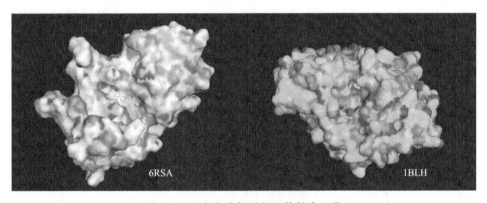

图 2.4　两个失败例子的配体结合口袋

SCREEN 也有相同的问题，因为它采取了与我们相似的执行策略：先找口袋，然后对口袋进行赋值。它通过一个深度参数来发现口袋。在非结合态蛋白质中，有 5 个例子（1IFB、2TGA、1PHC、1BRQ、6INS）SCREEN 不能发现配体结合口袋。这中间，除了 6INS，其余的均与 POCKET 的结果不同。这也说明这类方法的性能受限于口袋发现算法。

2.3.2.4　Score 发现热点的能力

本实验方法的思路主要源于热点概念。当一个口袋与配体相互作用时，通常，配体仅仅与口袋的部分而不是全部区域进行结合。这也表明这些局部区域决定着口袋的配体结合势能。所以，本实验方法通过搜索类似热点的局部区域来判断一个口袋是否能够稳定结合配体，前面的结果证明了热点概念对算法的作用。

这里应该注意到一个问题，就是多大程度具有最大偏好分值的局部区域与口袋中的结合位点重合。由于不含有配体，非结合态蛋白质不适合用来计算重合率。我们计算了测试集 I 和 II 中所有 134 个结合态蛋白质。其中有 14 个例子 Score 找到的区域与结合位点没有重合。在其余的例子中，Score 找到的区域至少有 10% 的区域与结合位点重合。所以，可以认为 Score 找到热点的失败率为 10.5%（14/134）。然而，这里可能还有另外一个问题，即一个口袋可能会有几个热点或亚位点能够结合配体[88,138]。具有最大 Score 的局部区域仅仅是口袋中的一个热点，具有多个热点的口袋可能结合多种类型的小配体，这是药物结合口袋的重要特征，这样的口袋被称为可药性口袋[2]。这些应该成为在位点预测研究中进一步考虑的课题。

2.4　本章小结

我们提出的配体结合口袋识别方法主要利用了两种参数：氨基酸组成偏好和口袋尺寸。方法过程分为两步：首先找到口袋，然后使用偏好和口袋尺寸对口袋的配体结合倾向性进行打分排序；识别准则用来对口袋进行识别，我们使用了常用的 Top1-Top3 准则。本章阐述的第一种方法内容主要包含了不同氨基酸组成偏好预测能力的比较，结果表明我们提出的基于原子和基于原子接触对的偏好要优于通常使用的基于残基的偏好。近年来，随着对结合位点研究的不断深入，人们发现在配体结合过程中主要是一些局部区域（也称作热点）而不是整个口袋起着重要贡献。所以，基于热点的概念认识，我们提出了基于局部口袋的配体结合口袋识别方法，结果表明该方法能够以较高准确率识别配体结合口袋，尤其是对于非结合态目标蛋白质。这也在一定程度上说明热点概念对于配体结合口袋的识别是非常有用的。

第3章
使用随机森林方法进行蛋白质
结合位点的预测

3.1 引言

随机森林由 Breiman（2001）提出[140]，它通过自助法（bootstrap）重采样技术，从原始训练样本集 N 中有放回地重复随机抽取 N 个样本生成新的训练样本集合，然后根据自助样本集生成 k 个分类树组成随机森林，新数据的分类结果按分类树投票多少形成的分数而定。其实质是基于决策树（decision tree）的分类器集成算法，将多个决策树合并在一起，每棵树的建立依赖于一个独立抽取的样品，森林中的每棵树具有相同的分布，分类误差取决于每一棵树的分类能力和它们之间的相关性[141]。它具有需要调整的参数较少、不必担心过度拟合、分类速度很快、能高效处理大样本数据、能估计哪个特征在分类中更重要以及较强的抗噪能力等特点。因此，在基因芯片数据挖掘、代谢途径分析及药物筛选等生物学领域得到应用并取得了较好的效果[142]。

3.1.1 单棵树生长方法

生长单棵分类树的原则是递归分区。最简单的树是二叉树，即树中每个节点最多有两个分支节点（图 3.1）。分类树按照不纯度最小的原则，首先找到一个特征把全部训练样本分成两组，然后按照同样的规则对节点处的样本进行再次分类。在二叉树中，根节点包含全部训练数据，按照分支生成规则分裂为左子节点和右子节点，它们分别包含训练数据的一个子集，子节点可以继续分裂。这样依次进行，直到满足分支停止规则停止生长为止。这时每个终端节点称为叶节点。分支节点是判断特征是否满足 $m_t \leqslant T$（T 是每个节点处判断的阈值），并按照节点不纯度最小的原则生成。节点 n 上的分类数据如果都来自于同一类别，则此节点的不纯度 $I(n)=0$；如果分类数据服从均匀分布，则不纯度很大。常用的不纯度度量是 Gini 不纯度，即假设 $P(\omega_j)$ 是节点 n 上属于 ω_j 类样本个数占训练样本总数的频率，则 Gini 准则表示为：

$$I(n) = \sum_{i \neq j} P(\omega_i) P(\omega_j) = 1 - \sum_j P^2(\omega_j) \tag{3.1}$$

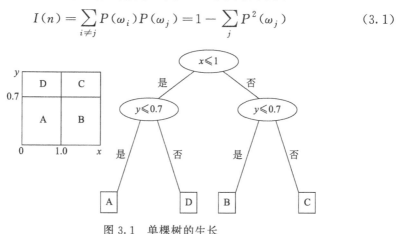

图 3.1　单棵树的生长

3.1.2　自助法重采样

在统计量重采样技术中，一种新方法是自助法。自助法是从原始的样本容量为 N 的训练样本集合中随机抽取 N 个样本生成新的训练样本集，抽样方法为有放回抽样，使重新采样的数据集不可避免地存在着重复的样本。独立抽样 k 次，生成 k 个相互独立的自助样本集。

3.1.3　随机森林算法

随机森林是通过一种新的自助法重采样技术生成很多个树分类器，其步骤如下（图 3.2）。

（1）从原始训练数据中生成 k 个自助样本集，每个自助样本集是每棵分类树的全部训练数据。

（2）每个自助样本集生长为单棵分类树。在树的每个节点处从 M 个特征

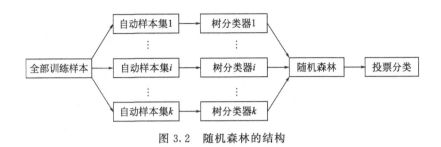

图 3.2 随机森林的结构

中随机挑选 m 个特征 ($m \ll M$),按照节点不纯度最小的原则从这 m 个特征中选出一个特征进行分支生长。这棵分类树进行充分生长,使每个节点的不纯度达到最小,不进行通常的剪枝操作。

(3) 根据生成的多个树分类器对新的数据进行预测,分类结果按每个树分类器的投票多少而定。每次抽样生成自助样本集,全体样本中不在自助样本中的剩余样本称为袋外(out-of-bag,OOB)数据,OOB 数据被用来预测分类正确率,将每次的预测结果进行汇总得到错误率的 OOB 估计,用于评估组合分类器的正确率。

随机森林通过在每个节点处随机选择特征进行分支,最小化了各棵分类树之间的相关性,提高了分类精确度。因为每棵树的生长很快,所以随机森林的分类速度很快,并且很容易实现并行化。另外,其作为一种新的组合学习算法,其良好的分类能力和快速的运算能力都得到了充分的体现。由于简单有效,随机森林算法在生物信息学领域中有更广泛的应用前景,例如预测蛋白质的亚细胞定位、膜蛋白的类型、转录起始点以及蛋白质同源寡聚体分类等。

本章将使用随机森林算法预测蛋白质结合位点,蛋白质结合位点根据配体属性分为蛋白质-配体结合位点和蛋白质-蛋白质结合位点,这两者间在几何特征、物理化学性质方面有着很大的区别[15]。所以我们在设计预测算法的时候,把两者区别对待,它们会涉及不同的训练和测试集。在这里,我们发展了基于块的残基属性定义模型,基于两种结合位点复杂程度的差别,对它们分别使用不同的残基属性定义模型。对于蛋白质-配体结合位点,使用单块残基属性定义模型;对于蛋白质-蛋白质结合位点,使用多块残基属性定义模型。我们以这些模型为特征,训练随机森林而得到预测器,使用随机森林预测器可以预测识别蛋白质结合残基;对预测到的残基进行聚类就可以得到近于连续的局部区域,即结合位点。

3.2　基于单块残基属性定义模型的蛋白质-配体结合位点预测

3.2.1　材料与方法

3.2.1.1　数据集

本小节研究我们使用 Laurie and Jackson 数据集，它们也被 Q-SiteFind-er[60] 和 Morita 的方法[139] 所使用，这方便我们与之做准确的比较。这个数据集（表 3.1）包括训练集（134 个蛋白质复合体）和测试集（35 个配体结合态蛋白质和与之对应的 35 个同源的非结合态蛋白质）。我们利用训练集训练随机森林预测器，然后在测试集上进行测试验证。数据集中所有结构的坐标数据均是从蛋白质数据库 PDB 中下载得到。训练集与 GOLD 蛋白质-配体对接数据集一致，134 个蛋白质中 75%（101/134）是酶；13%是结合蛋白质（即蛋白质虽与配体结合但并不催化化学反应）；7%（9/134）是免疫球蛋白；5%（7/134）属于其他类型蛋白质。测试集的 35 个蛋白质中，77%（27/35）是酶；11%（4/35）是结合蛋白；6%（2/35）是免疫球蛋白；6%（2/35）是其他类型蛋白质。测试集中同源蛋白质的氨基酸序列一致性均大于 90%，除了两对蛋白质（1IGJ/1A4J：66%；1IVD/1NNA：48%）。训练集和测试集中蛋白质结构的分辨率范围分别为从 1.4Å 到 3.1Å 和从 1.4Å 到 2.8Å。

表 3.1　训练集的 134 个蛋白质；测试集的 35 个配体结合态蛋白质和

35 个非结合态同源蛋白质（左：结合态；右：非结合态）[139]

训练数据集								测试数据集			
								结合态		非结合态	
1AAQ	1CBX	1FEN	1IVE	1PHA	1TPP	2MCP	4FAB	1A6W	1RBP	1A6U	1BRQ
1ABE	1CDG	1FKG	1LAH	1PHD	1TRK	2PHH	4PHV	1ACJ	1RNE	1QIF	1BBS
1ACJ	1CIL	1FKI	1LCP	1PHG	1TYL	2PK4	5P2P	1APU	1SNC	3APP	1STN
1ACL	1COM	1FRP	1LDM	1POC	1UKZ	2PLV	6ABP	1BLH	1SRF	1DJB	1PTS
1ACM	1COY	1GHB	1LIC	1RDS	1ULB	2R07	6RNT	1BYB	1STP	1BYA	2RTA
1ACO	1CPS	1GLP	1LMO	1RNE	1WAP	2SIM	6RSA	1HFC	2CTC	1CGE	2CTB

续表

训练数据集								测试数据集			
								结合态		非结合态	
1AEC	1CTR	1GLQ	1LNA	1ROB	1XID	2YHX	7TIM	1ICN	2H4N	1IFB	2CBA
1AHA	1DBB	1HDC	1LPM	1SLT	1XIE	3CLA	8GCH	1IDA	2PK4	1HSI	1KRN
1APT	1DBJ	1HDY	1LST	1SNC	2ACK	3CPA		1IGJ	2SIM	1A4J	2SIL
1ASE	1DID	1HEF	1MCR	1SRJ	2ADA	3GCH		1IMB	2TMN	1IME	1L3F
1ATL	1DIE	1HFC	1MDR	1STP	2AK3	3HVT		1IVD	2YPI	1NNA	1YPI
1AZM	1DR1	1HRI	1MMQ	1TDB	2CGR	3MTH		1MRG	3GCH	1AHC	1CHG
1BAF	1DWD	1HSL	1MRG	1TKA	2CHT	3PTB		1MTW	3MTH	2TGA	6INS
1BBP	1EAP	1HYT	1MRK	1TMN	2CMD	3TPI		1OKM	3PTB	4CA2	2PTN
1BLH	1EED	1ICN	1MUP	1TNG	2CTC	4AAH		1PDZ	5P2P	1PDY	3P2P
1BMA	1EPB	1IDA	1NCO	1TNI	2DBL	4CTS		1PHD	6CPA	1PHC	5CPA
1BYB	1ETA	1IGJ	1NIS	1TNL	2GBP	4DFR		1PSO	6RSA	1PSN	7RAT
1CBS	1ETR	1IMB	1PBD	1TPH	2LGS	4EST		1QPE		3LCK	

3.2.1.2　结合残基的定义

　　如果一个残基的溶剂可及表面积（accessible surface area，ASA）不小于它的最大有效暴露面积的 6%，那么这个残基就被定义为一个表面残基，反之，就称为非表面残基或内部残基。在训练集中一共有 42211 个表面残基。在本小节的研究中，仅表面残基被用来做结合残基预测。除非特别说明，下面提到的所有残基都表面残基。每个残基的属性都由它本身及其周围环境来决定，即这个残基本身和它最邻近的 8 个残基来决定，也就是说，我们用由这 9 个残基组成的"块"的属性作为其中心残基的属性。这里结合残基的定义取决于我们设置的阈值 N（N 是 1～9 范围内的整数）。我们先定义相互作用残基，一个残基如果至少有一个非氢原子与配体的任何非氢原子的距离小于等于 6Å，那么这个残基即为相互作用残基。下面定义结合残基，如果一个残基及其对应的块区域中至少 $N-1$ 个其他残基都是相互作用残基，那么这个残基即为结合残基。这样，我们也容易看到阈值为 2～9 的结合残基集合都是阈值为 1 的结合残基集合的子集，不符合上述要求的被定义为非结合残基。

3.2.1.3　块区域的属性计算

　　每个表面残基用其对应块区域的 8 个属性组成的特征向量来描述。下面详细描述这些属性的计算方法。

（1）溶剂可及表面积（ASA）　蛋白质的每个残基的 ASA 是由 PSAIA[143] 来计算，对应的块区域的 ASA 由公式（3.2）得到。

$$\text{ASA}_{\text{patch}} = \sum_{x=1}^{9} s(x) \tag{3.2}$$

式中，x 指的是块区域中的一个残基；$s(x)$ 是指残基 x 的 ASA。

（2）主链溶剂可及表面积（backbone ASA）　蛋白质的主链 ASA 都是由 PSAIA[143] 来计算，对应的块区域的主链 ASA 由公式（3.3）得到。

$$\text{backbone\_ASA}_{\text{patch}} = \sum_{x=1}^{9} b(x) \tag{3.3}$$

式中，x 指的是块区域中的一个残基；$b(x)$ 是指残基 x 的主链 ASA。

（3）溶剂化能　蛋白质复合体形成的溶剂化能可以采用一个基于原子 ASA 模型来计算，这个模型中溶剂化能每个原子的贡献按照与其 ASA 成比例计算加和得到[144,145]，这中间使用的参数通过 N-乙酰氨基酸酰胺衍生物的辛醇/水转移能线性拟合得到[146]。这些参数列于表 3.2 中，包括 10 种原子溶剂化参数。

表 3.2　原子溶剂化参数[146]

权值 σ/[cal/(mol·Å^2)]	半径/Å	原子类型
15.1	1.95	脂肪族 C
17.7	1.8	芳香族 C
17.0	1.7	N
54.8	1.7	Lys+中 N+、Nζ
27.3	1.7	Arg+中 Nη1, Nη2
18.5	1.6	羟基 O
13.6	1.4	羰基 O
29.9	1.4	Glu、Asp 中 O
11.2	2.0	SH 中 S
2.2	1.85	Met 或 S-S 中 S

块区域上每个原子的 ASA 用 MSMS[147] 来计算，那么一个块区域的溶剂化能可用下面的公式（3.4）计算得到。

$$\text{Solv}_{\text{patch}} = \sum_{x=1}^{n} \sigma(x) \cdot a(x) \tag{3.4}$$

式中，$\sigma(x)$ 是原子 x 的权值；$a(x)$ 原子 x 的 ASA；n 是块区域中的原

子总数。

(4) 疏水性 我们直接按照 Kyte 和 Doolittle 给出的数值尺度[73] 给每个残基赋予一个疏水值，块区域的疏水值计算如下：

$$H_{patch} = \{\sum_{x=1}^{9} h(x) \cdot s(x)\} / \sum_{x=1}^{9} s(x) \tag{3.5}$$

式中，$h(x)$ 是残基 x 的疏水值；$s(x)$ 是指残基 x 的 ASA。

(5) 深度指数 每个残基的深度指数由 PSAIA 计算，块区域的深度指数计算如下：

$$Di_{patch} = \{\sum_{x=1}^{9} di(x) \cdot s(x)\} / \sum_{x=1}^{9} s(x) \tag{3.6}$$

式中，$di(x)$ 是残基 x 的深度指数。

(6) 突出指数 每个残基的突出指数由 PSAIA 计算，块区域的突出指数计算如下：

$$Pi_{patch} = \{\sum_{x=1}^{9} pi(x) \cdot s(x)\} / \sum_{x=1}^{9} s(x) \tag{3.7}$$

式中，$pi(x)$ 是残基 x 的突出指数。

(7) 氨基酸偏好 每种氨基酸的偏好值可由 "2.3.1.2" 中的方法利用训练集计算得到。块区域的偏好值计算如下：

$$Pv_{patch} = \{\sum_{x=1}^{9} pv(x) \cdot s(x)\} / \sum_{x=1}^{9} s(x) \tag{3.8}$$

式中，$pv(x)$ 是残基 x 的偏好值。

(8) 理论 B 因子 每个残基的 α 碳原子的理论 B 因子使用高斯网络模型 (Gaussian network model)[148] 计算得到。块区域的整体理论 B 因子计算如下：

$$Bf_{patch} = \{\sum_{x=1}^{9} bf(x) \cdot s(x)\} / \sum_{x=1}^{9} s(x) \tag{3.9}$$

式中，$bf(x)$ 是残基 x 的 α 碳原子的理论 B 因子。

3.2.1.4 随机森林的参数说明

本小节研究中我们使用包含 200 个树的森林。按照不同阈值定义的结合残基，我们使用随机森林算法，基于训练集训练了 9 个分类器，它们将在测试集上进行测试验证。

为了更好地理解这个方法，我们以一个包含 9 个残基的块区域为例进行预测。首先，我们使用阈值为 1 的分类器做一个预测。只有当块区域中至少中心残基参与相互作用时，训练这个分类器才把它预测为结合残基。第二步，使用阈值为 2 的分类器做一个预测。只有当块区域中中心残基和至少一个其他残基参与相互作用时，训练这个分类器才把它预测为结合残基。通过类似的过程，我们可以完成阈值为 3～9 的预测。

一个简单的组合分类器[127]也被采用。当预测一个残基时，如果任何一个分类器预测为正值，那么这个残基就被预测为结合残基。因为组合分类器包含了 OR 规则，所以会有更多的结合残基被预测。我们的结果表明召回率（recalls）相比单个分类器有一定提高。

3.2.1.5　聚类过程

依据结合残基的空间聚集特性，预测为正的残基聚类过程可以提高预测精度[104]。我们采用的聚类过程能够把预测为非正的残基也加入到类中，条件是它必须是类中至少一个残基的最邻近的 4 个残基之一，这样我们可以得到一个近乎连续的位点。

对于一个将要预测的蛋白质，首先，每个残基被分类器赋予一个分值，即 9 个分类器给出的投票指数之和。若某残基被 9 个分类器给出的投票指数至少有一个大于 0.5，则将其定义为预测为正的残基。

完整的聚类过程描述如下。

（1）按照预测得分对所有残基进行降序排列。

（2）聚类目标残基定义。如果预测为正的残基总数大于等于 15，那么所有的预测为正的残基都定义为聚类目标残基；如果预测为正的残基总数小于 15，那么排序前 15 个残基被定义为聚类目标残基；

（3）以预测得分最大的残基组成一个起始类。对于类中的每个残基，只要它的 4 个最邻近的残基中有还未归类的预测为正的残基，那么就把这 4 个邻近残基都加入到这个类中。重复这个过程直到没有新的残基加入。

（4）若还有聚类目标残基未归类，则以未归类的预测得分最大的聚类目标残基为一个新的起始类，重复步骤"（3）"；否则转"（5）"。

（5）类扩展步骤。对于每个类，类中任何残基的 4 个最邻近残基都被加入到类中。

（6）按照类中残基的预测得分和，对类进行降序排列。

按照 Morita 方法的标准[139]，只有一个类中有至少 25％的残基属于真实的结合残基，这个残基类才被称为一个预测正确的结合位点。识别准则有两个，一个是 Top1，即对于一个蛋白，如果有个结合位点在类排序中排第一，那么这个蛋白预测成功。第二个是 Top3，即对于一个蛋白，如果有个结合位点在类排序中排前三，那么这个蛋白预测成功。最后，方法在测试集中的评价使用准确率，即预测成功的蛋白质数除以测试集中蛋白质总数。对于测试集中的测试结果，我们将与三种方法（Q-SiteFinder，SCREEN 和 Morita 的方法）进行比较。

3.2.2　结果与讨论

3.2.2.1　配体结合残基的预测

我们先训练阈值为 1~9 的分类器，然后形成组合分类器进行预测。至少一个单独的分类器预测一个残基为正，组合预测器才会预测这个残基为正。这个组合分类器于测试集上进行验证。本小节研究使用的测试集包含有 35 个结合态蛋白质和 35 个同源的非结合态蛋白质。我们分别处理两类蛋白质数据，分类器的测试结果分别列于表 3.3 和表 3.4。结合态数据集中有 710 个结合残基和 6705 个非结合残基，而非结合态数据集中有 674 个结合残基和 6766 个非结合残基。它们的结合残基数与非结合残基比分别是 0.106 和 0.099，这两个数据集是典型的非平衡数据。这种情况下，准确率（accuracy）就已经不是一个对分类器有效的评价指数了，所以，我们使用精确度（precision）和召回率（recall）来评价这些分类器。

$$overall\_accuracy=(TN+TP)/(TN+FP+FN+TP) \tag{3.10}$$

$$precision=TP/(FP+TP) \tag{3.11}$$

$$recall=TP/(FN+TP) \tag{3.12}$$

式中，TP 为真阳性数据；FP 为假阳性数据；TN 为真阴性数据；FN 为假阴性数据。

表 3.3　阈值为 1~9 的分类器于结合态数据集的测试结果

阈值	精确度	召回率	准确率
1	0.927	0.697	0.968
2	0.920	0.694	0.967
3	0.927	0.710	0.972
4	0.904	0.704	0.975
5	0.905	0.728	0.982
6	0.957	0.705	0.989

续表

阈值	精确度	召回率	准确率
7	0.961	0.695	0.994
8	0.929	0.565	0.999
9	1.000	0.391	0.998
组合①	0.921	0.706	0.968

① 结果由组合分类器生成。

表 3.4　阈值为 1～9 的分类器于非结合态数据集的测试结果

阈值	精确度	召回率	准确率
1	0.821	0.207	0.920
2	0.829	0.201	0.921
3	0.827	0.206	0.926
4	0.818	0.217	0.937
5	0.810	0.210	0.954
6	0.836	0.201	0.969
7	0.933	0.182	0.983
8	0.765	0.176	0.991
9	0.500	0.044	0.997
组合①	0.798	0.228	0.921

① 结果由组合分类器生成。

由于使用了 OR 规则，组合分类器会做出更多的正预测。相应地，对于结合态和非结合态两个数据集，组合分类器所取得的召回率（recalls）相对于阈值为 1 的分类器都有所提高，提高幅度分别为从 0.697 到 0.706 和从 0.207 到 0.228。从表 3.2 和表 3.3 来看，组合分类器在结合态数据集中的表现要优于其在非结合态数据集中的表现，即结合态数据（0.921 和 0.706）中取得的无论是精确度还是召回率都要高于非结合态数据（0.798 和 0.228）。在配体结合过程中蛋白质要发生一定的构象变化，这可能是导致此处差异的原因。

3.2.2.2　与其他研究的比较

蛋白质的配体结合位点信息是非常重要的，不管是对于揭示其真正的结合机制还是对于药物设计，所以有很多关于结合位点识别研究的论文发表。但是，由于不同的评价方法，把我们的研究与其他所有的研究做比较是十分困难的。

在本小节研究中，基于相同的数据集（用于训练和测试），本实验方法与

Q-SiteFinder，SCREEN 和 Morita 的方法三种流行的方法进行比较。Q-Site-Finder 和 Morita 的方法的预测结果直接从相应的论文中取得，SCREEN 的预测结果则通过 SCREEN web server 计算得到。基于识别准则 Top1 和 Top3，所有参与比较方法的预测结果列于表 3.5。从表 3.5 数据来看，大体上本实验方法的结果都要优于其他三个方法。

表 3.5　本实验方法与 Q-SiteFinder，SCREEN 和 Morita 的方法的结果比较

识别准则	结合状态	本实验方法	Q-SiteFinder	SCREEN	Morita 的方法
Top 1 成功率	结合态	0.914	0.743	0.829	0.800
	非结合态	0.800	0.514	0.714	0.771
Top 3 成功率	结合态	0.943	0.943	0.914	1.000
	非结合态	0.943	0.829	0.857	0.857

这四种方法中，SCREEN 使用了最多的属性（多达 408 个物理化学、结构以及几何方面的属性），然而它并没有取得最好的结果。我们把这种结果部分归因于 SCREEN 中口袋发现算法的效率，测试集中有 5 个蛋白质，SCREEN 的口袋发现算法无法找到配体结合口袋，这使得第二步的可药性指数变得无用。Q-SiteFinder 和 Morita 的方法只利用了疏水性探针和蛋白质间的范德华能。以前的研究表明没有哪个单独的属性能够准确识别配体结合位点。我们使用了 8 个属性，其中包括溶剂化能量，还有其他 7 个属性，这些都被证明是比较有效的[121,132,133,149,150]。按照来自随机森林的变量重要性分析，本实验方法中最重要、发挥作用最大的三个属性是氨基酸偏好、疏水性质和理论 B 因子。理论 B 因子很少被用来识别配体结合位点，然而随机森林预测表明它对结合位点识别有着重要贡献。

3.3　基于多块残基属性定义模型的蛋白质-蛋白质结合位点预测

3.3.1　材料与方法

3.3.1.1　数据集

为了方便与其他研究方法进行比较，我们选用两个已发表研究使用过的数

据集进行分类器的训练和测试。一个是 Bradford and Westhead 数据集[64]，包含 180 个蛋白质（36 个酶-抑制剂相互作用、27 个强稳定的异源相互作用、87 个强稳定的同源相互作用和 30 个非酶-抑制剂的短暂相互作用），这些蛋白质来自 149 个蛋白质复合体。它们是由 PDB 数据库[86] 数据经由一个严格的过滤过程筛选得到的，首先，由 PDB 获取所有蛋白质-蛋白质复合体结构，过滤过程如下。

（1）与相同复合体类型的较高分辨率结构（如果分辨率相等，那么指的是最近鉴定的结构）具有大于 20％序列一致性的蛋白质将被去除。

（2）必须有文献证明复合体是自然生成的，并且是稳定二聚体，即要去除那些由晶体堆积形成的相互作用界面。

（3）不使用 NMR 结构，也不使用突变复合体以及分辨率大于 3.0 的结构。

（4）氨基酸片段也被接受，除非结合位点被严重破坏；但是，包含小于 20 个氨基酸的蛋白质参与的复合体不被接受。

（5）结合位点有一个以上的链构成，或包含多于一个属于相同类型结合位点，以及结合位点是分裂开的（即蛋白质与其他蛋白质在两个点上结合），这样的蛋白质复合体均不接受。

（6）一个蛋白质复合体，如果它的亚基间有 80％的序列一致性，那么它就是同源寡聚体。这是仅有包含最大结合位点的亚基被保留。

另一个数据集是 Chen and Jeong 数据集[126]，它包含 99 条多肽链，是从 54 个异源蛋白质复合体中提取得到的。

3.3.1.2　多块残基属性定义模型

如果一个残基的溶剂可及表面积（ASA）不小于它的最大有效暴露面积的 6％，那么这个残基就被定义为一个表面残基，反之，就称为非表面残基或内部残基。在训练集中一共有 42211 个表面残基。在本小节的研究中，仅仅表面残基被用来做结合残基预测，除非特别说明，下面提到的所有残基都是表面残基。每个残基的属性都由它本身及其周围环境来决定，即这个残基本身和它的邻近残基来决定。一个基于多块的残基属性定义模型（图 3.3）用来描述每个残基的属性，它包含三个块区域，一个块区域由一个中心残基和它的 $n-1$ 个最邻近残基组成，这三个块区域的 n 值分别是 5、9 和 15；也就是说，较小的块区域包含在较大的块区域里面。每个块区域的 9 个特征属性按照"3.3.1.3"中的描述计算得到。这样，再加上中心残基的二级结构类型这个属性，一个残基的特征向量由二级结构类型和三个块区域的 27 个块区域属性组成。残基的二级结构类型由 DSSP[151] 定义。

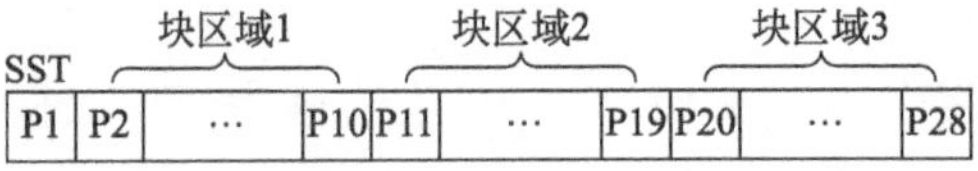

图 3.3　残基属性定义中基于块区域模型的向量表示〔属性总数为 28，
P1（Property 1）是二级结构类型（SST）；P2～P28 依次是三个块区域的属性〕

3.3.1.3　块区域的属性计算

每个块区域要计算 9 个属性，包括溶剂可及表面积（ASA）、主链溶剂可及表面积（backbone ASA）、溶剂化能、疏水性、深度指数、突出指数、氨基酸偏好、理论 B 因子和残基聚集指数，它们都按照下面对应的公式进行计算。

（1）溶剂可及表面积（ASA）见公式（3.2）。

（2）主链溶剂可及表面积（backbone ASA）见公式（3.3）。

（3）溶剂化能见公式（3.4）。

（4）疏水性见公式（3.5）。

（5）深度指数见公式（3.6）。

（6）突出指数见公式（3.7）。

（7）氨基酸偏好见公式（3.8）。每种氨基酸的偏好值由 "2.3.1.2" 中的方法利用 Jones and Thornton 数据集[83] 计算得到。块区域的偏好值按照公式（3.8）计算。

（8）理论 B 因子见公式（3.9）。

（9）残基聚集指数描述一个残基周围残基的聚集紧密程度。计算方法是，对于一个块区域，简单使用块区域内残基的 α 碳原子到这些 α 碳原子的几何中心距离的平均值表示。

3.3.1.4　结合残基的定义

这里结合残基的定义取决于我们设置的阈值 N（N 是 1～15 范围内的整数）。我们先定义相互作用残基，蛋白质分子中一个残基如果至少有一个非氢原子与另一蛋白的任何非氢原子的距离小于等于 6Å，那么这个残基即为相互作用残基。下面定义结合残基，如果一个残基及其对应的块区域中至少 $N-1$ 个其他残基都是相互作用残基，那么这个残基即为结合残基。N 越大的区块对复合体形成的贡献可能越大。这样，我们也容易看到阈值为 2～15 的结合残基集合都是阈值为 1 的结合残基集合的子集。不符合上述要求的被定义为非结合残基。

3.3.1.5　随机森林的参数说明

本小节研究中我们使用包含 800 个树的森林。按照不同阈值定义的结合残基，我们使用随机森林算法，基于训练集训练了 15 个分类器，它们将在数据集上进行训练和测试验证。

为了更好地理解这个方法，我们选择一个包含 15 个残基的块区域进行预测。首先，我们使用阈值为 1 的分类器做一个预测。只有当块区域中至少中心残基参与相互作用时，训练这个分类器把它预测为结合残基。第二步，使用阈值为 2 的分类器做一个预测。只有当块区域中中心残基和至少一个其他残基参与相互作用时，训练这个分类器把它预测为结合残基。通过类似的过程，我们可以完成阈值为 3～15 的预测。

一个简单的组合分类器[127] 也被采用。当预测一个残基时，如果任何一个分类器预测为正值，那么这个残基就被预测为结合残基。因为组合分类器包含了 OR 规则，所以会有更多的结合残基被预测。

3.3.1.6　结合残基预测的评价标准

为了衡量每个预测器的性能，我们将使用 leave-one-out 交叉验证和下面的标准公式。

$$overall\_accuracy=(TN+TP)/(TN+FP+FN+TP)$$

$$precision=TP/(FP+TP)$$

$$recall(positive\_accuracy)=TP/(FN+TP)$$

$$specificity(negative\_accuracy)=TN/(FP+TN) \tag{3.13}$$

$$balanced\_accuracy=\sqrt{positive\_accuracy \times negative\_accuracy} \tag{3.14}$$

$$correlation\_coefficient(CC)=$$

$$(TP \times TN-FP \times FN)/\sqrt{(TP+FN)(TP+FP)(TN+FP)(TN+FN)}$$

$$\tag{3.15}$$

式中，TP 表示 true positive；FP 表示 false positive；TN 表示 true negative；FN 表示 false negative。

整体准确率是指预测正确（包括正例和负例，即结合残基和非结合残基）的残基数除以残基总数。它用来描述分类器的整体性能。但是，在我们的应用中，正例的数目要远少于负例的数目，所以，整体准确率对于分类器性能的评价不是一个好的测量参数。对于非平衡数据分类，平衡准确率和受试者工作特性（receiver operating characteristic，ROC）曲线被特定性使用。平衡准确率是正例准确率和负例准确率的乘积，而 ROC 曲线则基于灵敏性和特异性参数得到。另外，CC（范围为 -1 到 $+1$）也是一个好的测量参数。其值为 -1 对应可能是最差的预测器，值 $+1$ 对应可能是最好的预测器，值 0 则对应一个随机的预测器。

3.3.1.7　聚类过程

依据结合残基的空间聚集特性，预测为正的残基聚类过程可以提高预测精度[104]。我们采用的聚类过程能够把预测为非正的残基也加入到类中，条件是它必须是类中至少一个残基的最邻近的 6 个残基之一。这样我们可以得到一个近乎连续的位点。

对于一个将要预测的蛋白质，首先，每个残基被分类器赋予一个分值，即 15 个分类器给出的投票指数之和。预测为正的残基符合这样的条件，即 15 个分类器给出的投票指数至少有一个大于 0.5。

完整的聚类过程描述如下。

（1）按照预测得分对所有残基进行降序排列。

（2）聚类目标残基定义。如果预测为正的残基总数大于等于 15，那么所有的预测为正的残基都定义为聚类目标残基；如果预测为正的残基总数小于 15，那么排序前 15 个残基被定义为聚类目标残基。

（3）以预测得分最大的残基组成一个起始类。对于类中的每个残基，只要它的 6 个最邻近的残基中有还未归类的预测为正的残基，那么就把这 6 个邻近残基都加入到这个类中。重复这个过程直到没有新的残基加入。

（4）若聚类目标残基中还有未归类的，以未归类的预测得分最大的聚类目标残基为一个新的起始类，重复步骤"（3）"；否则转"（5）"。

（5）类扩展步骤。对于每个类，类中任何残基的 6 个最邻近残基都被加入到类中。

（6）按照类中残基的预测得分和，对类进行降序排列。

按照 Bradford 和 Westhead 的方法的标准[64]，如果一个类的预测准确度至少有 50%特异性和 25%灵敏性，那么这个残基类才被称为一个预测正确的结合位点。识别准则有两个，一个是 Top1，即对于一个蛋白，如果有个结合位点在类排序中排第一，那么这个蛋白预测成功。第二个是 Top3，即对于一个蛋白，如果有个结合位点在类排序中排前三，那么这个蛋白预测成功。最后，使用准确率（即预测成功的蛋白质数除以测试集中蛋白质总数）对方法在测试集中的使用效果进行评价。对于测试集中的测试结果，我们将与另外三个方法[64,99,152] 进行比较。

3.3.2　结果与讨论

3.3.2.1　不同定义结合残基的预测分析

结合残基依据阈值不同被定义了 15 种类型，不同类型的结合残基在结合位点上分布的位置不同。阈值越大的结合残基分布可能更接近于结合位点中心。基于不同的结合残基定义，随机森林在 Chen and Jeong 数据集上训练和测试。随机森林在用自助法（bootstrap）重采样技术提取每个个别训练集时大约有 37％原始训练集中样本不会在其中出现，这些样本被称之为个别训练集的袋外（out-of-bag，OOB）数据。这些数据可以用来评价随机森林的性能，也能用于特征提取。使用 OOB 数据计算分类器性能的具体方法是这样的：对于训练集中任一样本，用森林中没有使用这个样本做训练的所有决策树对其进行投票，根据投票多数决定样本分类。训练集中所有样本做上面测试，得到分类准确率，这可以表示分类器的性能。这种测试方法和结果与 leave-one 交叉验证相当，并且在很多测试中被证明是无偏的。

按照表面残基定义，Chen and Jeong 数据集中有 17600 个表面残基。对应不同阈值的结合残基也被定义，其数目统计列于表 3.6 中。很明显，这些都是非平衡数据分类问题，其中负例与正例的比甚至达到 173.3。

表 3.6　Chen and Jeong 数据集中阈值从 T1～T15 对应的结合残基和
非结合残基的数量及其类比率

阈值[①]	结合残基	非结合残基	类比率[②]
T1	3433	14167	4.1
T2	3431	14169	4.1
T3	3424	14176	4.1
T4	3399	14201	4.2
T5	3335	14265	4.3
T6	3213	14387	4.5
T7	2974	14626	4.9
T8	2637	14963	5.7
T9	2193	15407	7.0
T10	1728	15872	9.2
T11	1218	16382	13.5

续表

阈值①	结合残基	非结合残基	类比率②
T12	863	16737	19.4
T13	540	17060	31.6
T14	281	17319	61.6
T15	101	17499	173.3

① Tn 对应阈值为n；例如，T1 是阈值为 1。
② 负例与正例数目的比。

图 3.4 使用不同结合残基定义数据上训练的 15 个分类器的灵敏性-特异性曲线 (sensitivity-specificity curves)。对于两类分类器，一个灵敏性-特异性曲线就是随着决策界限的移动所呈现的灵敏性和特异性对比变化图，它与 ROC 曲线相当。灵敏性是衡量分类器预测正例的能力，而特异性是判断分类器是否把非结合残基错误地预测为结合残基。随机森林是一种离散的分类器。当这样的分类器应用于测试集时会产生单个混合矩阵 (confusion matrix)，这个混合矩阵对应于 ROC 曲线上的一个点。对于二分分类，投票百分率阈值默认设置为 0.5。使用不同的投票百分率阈值就可以产生灵敏性-特异性曲线。我们的灵敏性-特异性曲线是通过改变正类阈值从 0 到 1，收集灵敏性和特异性响应值而构建。

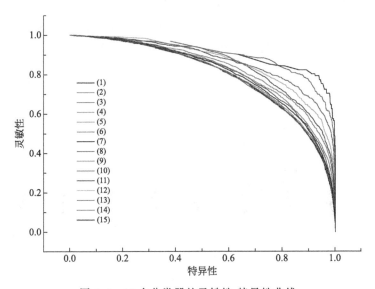

图 3.4　15 个分类器的灵敏性-特异性曲线

随着结合残基定义阈值从 1 变化到 15，出现了一个明显趋势，即较大阈值对应曲线的曲线下面积也较大。这表明高阈值下的预测要优于低阈值下的预测。我们也比较了它们的最好平衡准确率，即投票阈值变化下最大的平衡准确率，这常用于非平衡数据分类问题。这个比较结果的柱状图在图 3.5 中显示，可以看到，有相似的趋势存在。也就是说，尽管较大阈值下正负数据的不平衡情况更严重，但是对应的分类器却比较小阈值对应的分类器预测更准确。这 15 个分类器除了结合残基定义不同外，其他均一致。这可能正是结合残基定义引起的预测性能差异。这也说明结合残基定义在结合位点预测中起着重要作用，且对预测器性能有着很大的影响。较大阈值对应的结合残基更多地位于结合位点的核心区，而较小阈值对应的结合残基更多地位于结合位点的边缘地带。结果表明核心区结合残基比边缘区结合残基更容易与非结合残基区分，也就是说，对于结合位点预测，用核心结合残基来定义结合残基可能更有利。

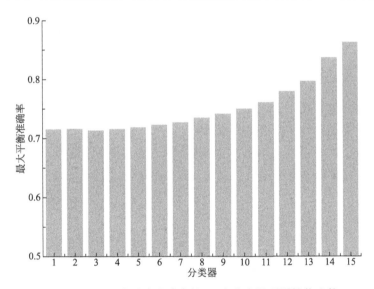

图 3.5　基于最大平衡准确率的 15 个分类器预测性能比较

3.3.2.2　结合残基预测的相关研究比较

目前已经有很多研究预测蛋白质-蛋白质结合残基，如以一残基为目标，判断这个残基是属于结合残基类还是非结合残基类。但是这些研究可能会使用不同的结合残基定义、不同的评价标准或者多样的训练和测试数据。因此，严格地比较这些研究是非常困难的。在本小节中，我们基于 Chen and Jeong 数据集进行结果比较。Chen 和 Jeong 的方法[126] 发表于 2009 年，他们对结合残基的预测已经取得了比较好的结果。另外，Yan 等的方法[153] 和 Wang 的方法[100] 也被用来进行结果的比较，它们都是在 Chen and Jeong 数据集上执行。这三种方法也都使用了 leave-one-out 交叉验证过程。

考虑到正例负例数据不平衡的影响，我们从上面 15 个分类器中选出数据类比率与 Chen 和 Jeong 的方法相近的分类器。Chen 和 Jeong 的方法中数据类比率为 8.7∶1，那么我们选择阈值为 10 的分类器，它的数据类比率为 9.2∶1。

基于灵敏性-特异性关系的评价标准，本实验方法要明显优于 Yan、Wang 以及 Chen 和 Jeong 的方法。比如，当特异性都设定为 70％时，Yan、Wang、Chen 和 Jeong 的方法和本实验方法的灵敏性分别为 30％、39％、73％ 和 78％。另一个评价标准函数是 CC（correlation coefficient），它用来测量预测结果多大程度上与真实数据相关。CC 值的范围是－1（可能最差的预测）到＋1（完美的预测），对于一个随机的预测器，CC 值为零。在特异性固定为 70％时，对于 Yan、Wang、Chen 和 Jeong 的方法和本实验方法，其 CC 值依次为 0.00、0.06、0.28 和 0.30。在灵敏性固定为 70％时，对于 Yan、Wang、Chen 和 Jeong 的方法和本实验方法，其 CC 值依次为 0.02、0.05、0.28 和 0.35。本实验方法实质性地优于随机猜测，这一点上超过了其他三种方法。我们也计算了用于比较的最大平衡准确率。结果，与其他三种方法的相比，本实验方法在最大平衡准确率方面分别提高了 23％、17％ 和 4％（图 3.6）。这些结果都清楚地表明在预测结合残基方面，本实验方法的性能要好于上面的三种方法。

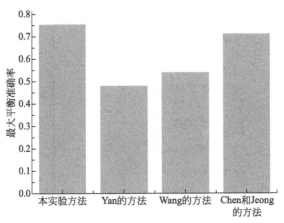

图 3.6　本实验方法与其他三种方法在最大平衡准确率方面预测性能的比较

3.3.2.3　结合位点预测的相关研究比较

　　除了蛋白质-蛋白质结合残基预测以外，还有一些研究着手于基于块区域的结合界面预测即结合位点预测[64,83,99,152]。本小节中，结合残基预测作为第一步，然后一个聚类过程被设计作为第二步用来对第一步结果聚类而产生连续的块区域。这样，我们就可以和其他结合位点预测研究进行比较。参与比较的方法都使用 Bradford and Westhead 数据集并基于 leave-one-out 交叉验证进行训练和测试，这样很方便我们讨论它们结果方面的相似性和差异。

　　在第一步，即结合残基预测，我们使用 Bradford and Westhead 数据集训练了 15 个分类器，接着用组合分类器来做最后的预测。当预测一个残基时，至少一个预测器把这个残基预测为正，组合预测器才预测为正。因为基于 OR规则，所以组合预测器相比单个预测器召回率参数会有一定提高。结果列于表 3.7 中，与阈值为 1 的分类器比较，组合分类器的召回率从 0.405 提高到 0.458。高的召回率对于基于块区域的预测是十分有益的，因为这会使更多结合残基可用于聚类以产生更为准确的块区域。

表 3.7　阈值从 1 到 15 分类器的结果

阈值	精确度	召回率	准确性
1	0.726	0.405	0.797
2	0.728	0.406	0.797
3	0.723	0.405	0.796
4	0.724	0.406	0.797
5	0.729	0.402	0.800
6	0.731	0.400	0.805
7	0.740	0.396	0.816
8	0.742	0.375	0.829
9	0.751	0.356	0.848
10	0.769	0.327	0.871
11	0.798	0.302	0.897
12	0.833	0.267	0.922
13	0.883	0.232	0.946
14	0.929	0.230	0.971
15	0.957	0.222	0.987
组合①	0.696	0.458	0.798

① 结果由组合分类器生成。

聚类过程中包含一个类扩展过程，它决定最后什么样的残基被加入到类中。我们在这一步把一个类中所有成员的邻近残基加入这个类中。有一个参数 p 控制着多少最邻近的残基被考虑加入。目前，没有一个合理的方法能够对这个参数进行优化，所以我们对它尝试了五个数值（4、5、6、7 和 8）。如果 p 等于 4，每个类成员的四个空间上最邻近的残基加入到类中；其他的以此类推。选用参数 p 选择不同数值的成功率结果在图 3.7 中显示。其中 p 等于 6 或 7，能得到较高的成功率。我们选用 p 等于 6 时的结果与其他方法进行比较。统一的测量标准被用于所有参与比较的方法，即一个预测类只有其特异性不低于 50% 且灵敏性不低于 20% 时才被称之为一个成功的结合位点预测。方法成功率结果比较列于表 3.8 中，从表中可以看出，本实验方法的成功率要远超过其他三个方法，特别是在 Top1 准则下。

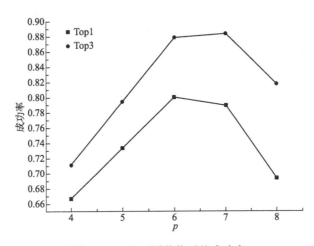

图 3.7　p 为不同数值时的成功率

表 3.8　本实验方法与其他三个方法的结果比较

方法	成功率（Top 1）	成功率（Top 3）
本实验方法	0.800	0.878
Bradford 和 Westhead 的方法[64]	0.450	0.756
Bradford 和 Needham 的方法[99]	0.522	0.822
Higa 和 Tozzi 的方法[152]	0.558	0.826

3.4　本章小结

蛋白质结合位点预测可以看做一个典型的分类问题。通过对已知的结合位点提取特征，进行学习、寻找规律，然后对待测的蛋白质分子的表面进行识别，判别那些局部区域与其他分子相结合，即是结合位点。很明显这是一个二分分类问题，已经有不少机器学习中的分类方法用于解决该问题，其中也包括支持向量机。

随机森林是一种基于树分类器的分类算法，其在训练过程中建立一定数量的树组成森林，测试时所有的树对样本的归类进行投票，获票数最多的类即为最后的归类。随机森林有很多优点，如不需要对数据预处理、训练过程内置交叉验证（cross-validation）、对多类问题处理方便快捷、不会过拟合（overfitting）、分类结果稳定等。

本章提出了两种基于块区域的残基属性定义模型，从已有研究中选取具有代表性的数据集进行随机森林分类器的训练和测试。我们采用被多个研究所采用的具有代表性的数据集，方便我们与其他方法进行准确的比较。

蛋白质结合位点包括两类：蛋白质-配体结合位点和蛋白质-蛋白质结合位点。蛋白质-配体结合位点指的是蛋白质和非蛋白质类配体相互作用形成的结合位点。研究表明，这两类结合位点在物理化学性质、结构与几何特征等方面均有很大的区别。所以，我们依据这些差异对蛋白质-配体结合残基和蛋白质-蛋白质结合残基分别设计了不同的基于块区域的残基属性模型。基于单块残基属性模型用于表征蛋白质-配体结合残基预测时的残基属性；基于多块残基属性模型用于表征蛋白质-蛋白质结合残基预测时的残基属性。前者包括 8 个特征，而后者包括 28 个特征。

本章第一个方法是蛋白质-配体结合位点预测，使用 Laurie and Jackson 数据集进行训练和测试。与 Q-SiteFinder、SCREEN 和 Morita 的方法比较，在结合态和非结合态蛋白质数据上的测试结果表明本实验方法均有较高的预测成功率。不同数据类型方面的比较，本实验方法在非结合态数据上的预测成功率要低于在结合态数据上的预测成功率，这也表明预测方面还有较大的改进空间，比如，如何解决配体结合时引起的构象变化对非结合态蛋白质的预测准确性的影响等。

本章第二个方法是蛋白质-蛋白质结合位点预测，使用了两个数据集：

Chen and Jeong 数据集以及 Bradford and Westhead 数据集，它们分别用于结合残基的预测和结合位点的预测。基于这两个数据集，本实验方法与其他六种方法进行了比较，结果表明本实验方法表现最优。我们没有在非结合态蛋白质数据上对本实验方法进行验证，这是因为目前还缺少这样的具有代表性的基准数据集，但是从实用角度出发，对基于非结合态蛋白质数据的方法进行验证是十分必要的。由于用户友好和能够自由访问的 web 服务器对于实用性模型、模拟方法或者预测器的开发来讲是将来的一个方向，所以我们将在未来的工作中为本研究开发的方法模型提供 web 服务器。

第4章
基于数据聚类的蛋白质结合位点识别

4.1 引言

发现生物体内所有的蛋白质-蛋白质相互作用（PPI，protein-protein inter-action）并揭示它们的生化和生物功能，是分子生物学研究的基本目标之一。蛋白质通过相互作用位点进行识别并结合形成复合体，从而发挥功能。因此，要了解 PPI 背后的机制需要首先阐明相互作用位点的特性。另外，近些年来，越来越多的研究小组以 PPI 位点作为靶标来开发药物。例如：HMD2 蛋白与 P53 蛋白结合导致 P53 不能发挥抑制肿瘤发生作用；针对 HMD2 蛋白分子已经发现或设计了抑制剂（Benzodiazepinedione，Nutlin，MI-773 和 RG7112）阻断其相互作用，以释放 P53，并且这些抑制剂都已进入临床试验阶段。要以 PPI 位点为靶标，也首先需要确定位点的氨基酸残基组成。

识别 PPI 位点最直接的方法就是分析蛋白质-蛋白质复合体的三维结构。然而，蛋白质-蛋白质复合体的实验鉴定是一个昂贵且耗时的过程，特别是对于短暂型复合体更为棘手。目前在所有已知 PPI 蛋白对中仅有不到 1% 的复合物三维结构是已知的，并且，由于 PPI 蛋白检测实验方法的发展远快于复合物结构鉴定技术，这个差距仍在不断扩大。因此，尽管这是一个十分强大有效的识别 PPI 位点途径，但具体实施起来却很少能行得通。

在实验解析的复合物三维结构无法获得的情况下，可以对复合物结构进行计算预测。然而，复合物结构模拟预测，又称蛋白质-蛋白质对接（PPD，pro-tein-protein docking），由于蛋白质-蛋白质结合过程中相互作用力的理解及其构象变化的复杂性等问题所困扰，还未达到能够大规模地产生精确三维结构模型的水平。目前，其产生可靠模型的能力仅限于单个非结合蛋白分子有良好实验解析三维结构的情况。甚至在这种情况下，多数对接算法会产生很多个可能的复合体模型，而每个模型都会有不同的表面区域作为 PPI 位点。事实上，通常实施对接时，会利用 PPI 位点预测来帮助从多个复合体模型中挑选正确的模型。这样，尽管对接有时能够帮助识别 PPI 位点，但比较起来，利用 PPI 位点预测信息辅助对接是更为普遍的做法。

PPI 位点预测的计算方法通常首先识别很多 PPI 位点具有的共同特征，然后利用这些特征识别新的可能的 PPI 位点。对 PPI 中起关键作用的特定氨基酸的预测是迈向破译蛋白质功能机制的重要步骤。而形成 PPI 表面的残基信息已有了多种可能的重要应用，如：PPI 实验鉴定中的突变设计、PPI 的药物开发、分子识别机制理解及基于此的复合体结构预测和构建详细的代谢变化路径图等。因此，涉及 PPI 的残基预测已经成为一个热门研究课题。

通常，基于蛋白质三维结构信息的预测器性能要优于只使用蛋白质一级序列信息的预测器，这是由于蛋白质-蛋白质复合体可获得三维结构数量的不断增长使得人们能够大规模统计分析 PPI 位点的进化、物理化学和结构属性，从而组合这些属性开发出更为精确的预测器。大多数预测方法使用了这些属性特征，比如：序列保守性、氨基酸组成、二级结构、溶剂可及性、去溶剂化能、侧链构象熵、B 因子静电势、疏水性和表面形状参数等，组合这些属性或特征的算法中，机器学习算法得到广泛的使用。这些方法都得到了相似的成功率。

PPI 可以在多种环境中发生，即在不同的物理化学条件下发生。它们可以在细胞的不同区室内，甚至在膜的双脂层中发生。每种 PPI 通过不同的机制实现，相应地，每种 PPI 位点也会有不同的特征。目前，主要依据 PPI 强弱和复合体是否同源对复合体进行分类。研究也揭示 PPI 残基在每个类中是不同的，如同源二聚体界面比异源二聚体有更多疏水残基，而且结合力强的短暂型复合体（transient complex）倾向个体较大，结合界面比较不平并且时常比弱的短暂型复合体疏水性更强。PPI 位点计算预测需要识别位点的共有特征，所以在 PPI 位点存在多种多样变化的前提下，只能识别非常普遍的共有特征。结果是，希望预测所有类型 PPI 位点的方法在取得较广应用范围的同时，必然会牺牲预测准确率。研究人员认识到了这一点，实践中，多数已发表的方法都是针对某一类复合体而设计，如异源寡聚体、短暂型异源寡聚体、同源二聚体、永久型（permanent）寡聚体、酶-抑制剂复合体和抗原-抗体复合体等。

不同预测方法的输出和评价标准存在较大差异，所以客观准确地评价这些预测方法的绝对和相对性能是非常困难的。对于 PPI 残基预测来讲，PPI 残基与非 PPI 残基的比例随不同的研究有所变化，一般情况，10%～30% 的表面残基被定义为 PPI 残基。这表明，它是一个非平衡数据集，因此，Matthews 相关系数（Matthews correlation coefficient，MCC）被普遍用来评价预测性能。在已发表的研究中，MCC 最多到 0.4 左右。另外，有些方法报道了高水平的预测精度（precision），却有着相当低的召回率（recall）。这些方法仅仅准确地预测了 PPI 位点上的一部分残基。这个低召回率可以用下面的描述来解释：这些方法实际上预测了热点（hot spots）而非全部 PPI 残基。热点被定义为通过丙氨酸突变（alanine mutation）能引起结合自由能至少增长 2.0kcal/mol 的残基，这些残基被认为对结合自由能做出主要贡献。低召回率说明作为热点的 PPI 残基相对于其他 PPI 残基更容易识别。继而研究人员转为直接预测 PPI 热点，但是这些研究受限于这样的事实，即具有丙氨酸突变实验热力学数据的蛋白质-蛋白质复合体较少，所以仅能在小量数据上开展工作。

尽管 PPI 位点预测方法已经取得了很大的进步，但其研究工作仍然存在着诸多问题，反过来，这些问题也为今后的 PPI 位点研究工作指明了方向。PPI 位点的多种多样性造成了预测的困难，但也提示通过蛋白质细化分类使计算预测能够识别更具体的共同特征用于预测，从而可以提高性能。低召回率的分析研究表明像热点那样的重要残基更容易预测，这提示，以重要残基为预测目标是提高 PPI 位点预测准确性的一条可行途径。这些由问题发掘出的指导性信息，当具体实施时就转化为两个问题：

（1）如何对蛋白质进行细化分类？

（2）丙氨酸突变实验数据不足的情况下，如何获取大量 PPI 重要残基信息？

这些问题都亟需新的模型、理论和方法来解决，期望通过解决这两个问题来取得更高的 PPI 残基预测性能，同时分析蛋白质分类问题与 PPI 残基预测之间的关系，进一步推进对 PPI 机制的认识。

本章提出一种优化蛋白质-小配体结合残基预测的方法，它通过迭代过程逐渐聚集特征类似的结合残基从而实现预测性能的提高。此方法思路类似于量子化学中的分子轨道自洽场计算，即为了求解一个复杂的方程或函数表达式中的某未知值，先赋予它一个初值，通过迭代的方法逐次逼近真实值，直到收敛于真实值。

此项研究中的二元分类（结合残基和非结合残基）使用随机森林算法，它采取投票方式决定残基预测结果，投票支持率＞0.5（随机森林算法默认阈值）

的残基预测为结合残基。

如果这个迭代流程用于蛋白质聚类，那么由于这个过程是以预测评价作为终止条件的，所以这样的蛋白质聚类结果可以称为以预测为导向的蛋白质分类。

在本章中，将采用类似这样的迭代流程进行蛋白质数据的细化分类。对于每个蛋白质类，迭代过程都会生成一个预测器，但是，由于这样的预测器在构建过程中还要考虑与其他类蛋白质的区分问题，所以针对这个单独蛋白质类的 PPI 残基预测来讲，从迭代过程得到的预测器可能不是性能最优的。蛋白质-蛋白质复合体数据主要从 3D complex 数据库中提取。3D complex 对库中数据进行了完备的结构和序列相似性描述，非常适合用于蛋白质-蛋白质相互作用方面无偏的统计和预测。借助数据库注释信息，基于不同的序列和结构相似度阈值筛选出非冗余数据用于计算预测。非冗余数据有拓扑标准（约 200 个蛋白质）、家族标准（约 3800 个蛋白质）、序列相似度（20%：约 5500 个蛋白质；30%：约 6500 个蛋白质）。选用家族标准蛋白质数据集，运用上述设计的迭代方法执行聚类步骤，迭代方法由 PPI 残基重新定义的投票支持率阈值设定来控制，此阈值设定为 0.10，执行基于 PPI 残基特征的相似程度的聚类。迭代方法实施聚类的同时，计算预测评价参数 MCC，选取 MCC 值最大的迭代方法的结果，产生第一个 PPI 结合残基数据集，包含这些结合残基的蛋白质组成一个蛋白质类，作为这个分类步骤的结果。按此过程数据集被分成了三个子集，使用 MCC 值评价分类对结合位点预测的影响。

随机森林算法自身具备交叉验证能力，按照标准结合残基定义和 0.5 投票标准，整个数据集的 MCC 值为 0.357。对于三个分类子集，结合残基定义在分类过程中已经得到优化，再以 MCC 值为目标，选择最优的投票标准，最后三子集的 MMC 值（最优投票标准）分别是 0.851（0.42）、0.730（0.25）和 0.605（0.20）。这些结果要大大优于整体数据的结果，这说明蛋白质分类对蛋白质-蛋白质结合位点预测有非常好的积极作用，这是本章后续工作的坚实基础。针对上述方法使用时无法控制各分类子集数据规模以及对独立数据分配合适的预测器，利用最小协方差行列式（minimum covariance determinant, MCD）和马氏距离（Mahalanobis distance）设计了新方法，MCD 进行分类并控制子集规模，马氏距离用于为独立测试数据分配预测器，使用两个独立数据集测试表明分类操作可以提高预测性能，与当前流行方法相比，也能取得相当的性能。再者，由于基于 MCD 和马氏距离的方法预测效果的取得是以预测数量损失为代价的，所以针对预测器的分配，我们研究了多种距离测度方法，通过控制预测数量损失来评价不同距离测度方法的适用性，研究表明，随机森林算法衍生出的邻近距离（proximity distance）在测试中的性能最优。由于邻近距离来源于随机森林分类器构造过程，从而汲取了残基分类中关键的残基描述变量优先级信息，这也提示基于分类过程来设计距离测度方法是一个很有希望的途径。

4.2　简单迭代方法优化蛋白质-配体结合位点识别

蛋白质及其配体之间的相互作用在许多细胞过程中起着核心作用。这些重要的相互作用，无论是持续的还是短暂的，都是高度特异的，常常导致蛋白质或配体的本质变化（例如形成复合物）。因此，蛋白质配体结合位点的鉴定是了解蛋白质分子功能及其在细胞中的生物学作用的关键一步。

虽然实验测定提供了最准确的结合位置的分配，但这一过程可能是时间和劳动密集型的。因此，已经开发了各种计算工具来预测结合位点的位置以及与配体相互作用的氨基酸残基[15,154,155]。近年来，随着生物和医学重要蛋白质结构知识的快速增长，这种预测方法变得更加适用，有助于合理的药物设计和阐明蛋白质分子的功能。

有一些研究将蛋白质-配体结合位点的表征集中在识别热点[88,91,138,156]，配体结合位点在蛋白质上的亚基，这些蛋白质是结合能的主要贡献者。在此背景下，Hajduk 和他的同事分析了小分子与蛋白质结合的能力与描述蛋白质结合位点的各种物理参数之间的关系[2]。研究发现，小有机化合物几乎只与蛋白质的明确定位区域结合，而与它们的亲和力无关。一旦确定了这些热点，随后可以探索与蛋白质表面相邻区域的结合相互作用，以提高选择性和提高亲和力[157]。这些发现表明，尽管与配体有着共同的接触，但是当相互作用发生时，结合位点的局部区域应该有着不同的贡献。

虽然上述信息已经被了解，但目前大多数的预测都是以同样的方式处理结合位点残基，还没有考虑区分它们。在我们之前的研究中（第 3 章），结合位点的核心残基被视为预测的目标。具体地说，基于由一个中心表面残基及其 8 个最近的表面残基组成的基于块区域的模型，当中心残基与配体结合时，具有 $N-1$ 个配体结合残基的中心残基将成为目标残基。数字 N 在这里为 1～9，数值越大，靶残基离结合位点的核心越近。因此，共有 9 种目标定义类型，产生了 9 种随机森林分类器。结果表明，根据精度评估，数目较大的分类器比数目较小的分类器表现更好。然而，它们只能预测很少的结合残基，而且在许多情况下，它不完全符合某些实际应用（例如抑制剂设计或功能重要的残基识别）。

本节设计了一种简单的迭代方法来提高分类器的性能，在每个迭代步骤中，根据最后一次迭代的情况，逐步修改预测的目标定义。数值计算结果表明了该方法的有效性。

4.2.1 随机森林

随机森林是一种集成方法，它将几个独立的分类树按如下方式组合起来：从原始样本中提取多个引导样本，并在每个引导样本上拟合出一个未运行的分类树。分类树中每个分支的特征选择都是从预测变量（特征）的随机子集中进行的。从整个森林中，响应变量的状态被预测为所有树预测的多数票。一个随机森林模型通常由几十棵或几百棵决策树组成。

4.2.2 验证方法

根据最近的一项综合评论[158]，为了准确评估蛋白质系统的预测器，通常需要重点考虑以下两件事：①构建一个有效的基准数据集来训练和测试预测值；②适当地进行交叉验证测试，以客观地评估预测值的准确性。下面，让我们详细说明如何处理这些程序。

在统计预测中，通常使用以下三种交叉验证方法来检验预测因子在实际应用中的有效性：独立数据集检验、子抽样（5 倍或 10 倍交叉验证）检验和刀切（jackhnife）检验[159]。然而，正如文献［160］所阐明的，以及文献［161］中公式所证明的，在三种交叉验证方法中，刀切检验被认为是任意性最小的，总是能为给定的基准数据集产生唯一的结果，因此，越来越多的研究者使用并广泛地认可了刀切检验各种模型或预测值的准确性[162~169]。有鉴于此，本实验采用刀切交叉验证来检验方法的预测质量。

这里使用了来自 Gold 数据集[59] 的 134 种蛋白质配体复合物，并按照 Laurie 和 Jackson 的描述制备[60]。它们构成了完整的 Gold 数据集的一个子集，其中高结构相似性的蛋白质被移除。之后，在 Laurie 和 Jackson 的数据集上训练和测试了 200 棵树的随机森林。它的 out-of-bag （OOB）误差评估是一种 leave-one-out 交叉验证，即刀切交叉验证，但其在许多测试中被证明是无偏的。

4.2.3　残差表示模型

对于蛋白质，如果溶剂可及表面积（ASA）不小于其有效最大暴露量的 6%，则残基被定义为表面残基[151]。仅表面残基被用于结合残基预测。除非另有说明，否则下述任何残基均视为表面残基。每个残基用一个 8 个属性值的特征向量来标记，用于随机森林计算。这些性质包括 ASA、主链 ASA、溶剂化能、疏水性、深度指数、突起指数、残基偏好和理论 B 因子，由该残基及其 8 个最近的空间残基组成。关于它的细节在（第 3 章）中有描述。我们设定了 0.5 的阈值，以确定一个对象必须获得的票数比例，达到为正例，如果这个阈值没有通过，它将被归类为负例。

4.2.4　阈值调整方法

作为一个分类问题，结合残基作为正例是根据不同的阈值 N（N 在 1~9 的范围内）来定义的。如果一个残基的非氢原子距配体的任何一个原子的 6Å 以内，则该残基被定义为相互作用残基。如果一个残基和其相应区块中的至少 $N-1$ 个其他残基是相互作用残基，则该残基被视为结合残基。不符合上述要求的残基为负例。可见，通过阈值调整方法（threshold-altering method，TAM）将阈值从 1 改为 9 可以产生 9 个分类器。

4.2.5　迭代法

为了改进随机森林分类器，采用迭代法（iterative method，IM）优化了结合剩余定义。使用 Matthews 相关系数（MCC）来衡量分类器的性能[170]。这里使用的初始数据集包括 Laurie 和 Jackson 数据集中每种蛋白质的所有表面残基。正例残基的阈值为 $N=1$，构成正例组，其他残基属于负例组。下面将详细描述此过程。

（1）对初始数据集运行随机森林以获取第一个分类器并计算其 MCC 值。

（2）如果成员的投票值小于 0.1，则将其从正组中移除，并将其添加到否定组中，这样就形成了一个新的数据集。

（3）在新数据集上运行随机森林以获取新分类器并计算其 MCC 值。

（4）重复步骤"（2）"和"（3）"，直到该分类器的 MCC 值小于最后一个分类器的 MCC 值。

在本节中，我们尝试逐步修改结合残留的定义来改进分类器。参数（如 0.1）确定定义的修改范围。由于所用的残基表征模型并不完全精确，所以对参数的估计值较小。否则，结合残基的定义会发生很大变化，影响分类器的预测能力。另外，由于参数的优化不仅依赖于 IM，而且依赖于具体的模型，因此优化得到的最优值可能不适用于其他实例，所以我们不会去寻找它。

4.2.6　实验结果与分析

使用 TAM 和 IM 预测配体结合残基

实施阈值调整法，得到的结果如表 4.1 所示。对于大多数结合蛋白质，只有很小比例的表面残基与配体结合。例如，在阈值 $N=1$ 的数据集中，只有 3953 个结合残基，以及 38258 个非结合残基。在阈值较高的数据集中有较少的结合残基。可以看出，所有这些数据集都应该是具有代表性的不平衡数据。在这种情况下，准确度并不是一个有效的评价指标，而这些指标是基于这些数据集来计算的。

表 4.1　TAM 中分类器的性能结果

阈值	MCC	NOP	BAI
1	0.535	125	66.9
2	0.536	124	66.5
3	0.544	120	65.3
4	0.559	114	63.7
5	0.564	109	61.5
6	0.567	73	41.4
7	0.626	49	30.7
8	0.718	21	15.1
9	0.817	8	6.5

MCC 用于测量 CASP 配体结合位点预测类别中的结合位点预测性能[154]。根据前面描述的配体结合残基定义，残基预测分为真阳性（TP：正确预测的结合残基）、真阴性（TN：正确预测的非结合残基）、假阴性（FN：错误预测的结合残基），假阳性（FP：错误预测的非结合性残基）。使用以下公式计算 MCC。

$$MCC = (TP \times TN - FP \times FN) / \sqrt{(TP+FN)(TP+FP)(TN+FP)(TN+FN)}$$

作为一种严格的评分方法，MCC 没有考虑到从观察到的结合位点预测残留的实际 3D 位置。因此，一个错误预测的位点，尽管如此，仍然接近观察到的结合位点，将获得与随机预测的相同数量的非结合残基相同的分数。MCC 在一定程度上受到了确定观察到的结合残基的主观性和选择距离截止点的模糊性的影响。另一种测量方法 BDT（结合位点距离测试）[155] 可以解决与 MCC 相关的问题。相比之下，BDT 方法产生的连续分数在 0 到 1 之间，与预测和观察到的残差之间的距离有关。在结合位点附近预测的残基得分将高于距离较远的残基，从而更好地反映预测的真实准确性。另外，由于我们方法中结合残基的细化，预测的结合残基相对较少。因此，没有预测到绑定残留的失败实例将获得 MCC 值 1。因此，我们在这里提出了一个测量 NOP（阳性数）来评估各种蛋白质的实例，至少有一个预测的结合残基的实例 NOP 等于 1，否则为 0。由于与 BDT 高度相关且计算量较小，MCC 和 NOP 将用于分析以下结果。

我们的数据集包括 134 种蛋白质。它们的 NOP 指的是每个蛋白质中至少有一个预测的结合残基的数量。如果一个分类器获得了一个很小的 NOP，它可能会漏掉许多没有结合残基的蛋白质。这将降低其实际适用性。因此，一个好的分类器应该得到一个更大的 NOP，同时也期望它有一个更大的 MCC。然而，从表 4.1 可以看出，MCC 与 NOP 呈相反的关系。当阈值从 1 到 9 时，MCC 逐渐达到 0.817，而 NOP 则从 125 逐渐降低到 8。虽然阈值为 9 的分类器只考虑了 MCC 准则就可以很好地工作，但是低 NOP（8/134）可能严重限制了它的适用性。因此，我们不能同时得到最优的 MCC 和 NOP。为了利用这些分类器识别蛋白质中的配体结合残基，必须采用中间方法。在我们之前的研究中（第 3 章），结合分类器和（或）规则来提高它们的召回率，能更好地改善基于补丁的结合位点预测。

阈值调整方法（TAM）依赖于本实验所用的残基表示模型。这使得该方法不适用于其他不同的模型。如果改变了所使用的残基表示模型，TAM 可能不再有效。因此需要一种新的方法来适应这种情况。为此，我们提出了一种迭代方法（IM）。基于上一次迭代的结果，IM 修改了结合残基的定义，并改变了正、负成员数据集的组成。IM 不依赖于某种残差表示模型，它可以适用于许多不同的实例。我们使用 IM 优化随机森林分类器。结果见表 4.2。经过几次迭代后，IM 在终止条件下结束，获得了 MCC 值 0.693 和 NOP 值 116。

表 4.2　IM 中分类器的性能结果

迭代	MCC	NOP	BAI
0	0.535	125	66.9
1	0.606	122	73.9
2	0.631	120	75.7
3	0.653	122	79.7
4	0.664	119	79.0
5	0.673	117	78.7
6	0.673	119	80.1
7	0.679	117	79.4
8	0.693	116	80.4

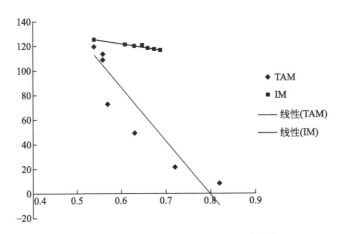

图 4.1　MCC 和 NOP 间的关系 [TAM 数据的 Pearson 相关系数＝－0.930（$p<0.01$）；
IM 数据的 Pearson 相关系数＝－0.905（$p<0.01$）]

根据表 4.1 和表 4.2 中的数据，采用 Pearson 相关分析来检验 MCC 与 NOP 之间的关系，关系如图 4.1 所示。结果表明，这两个评价指标之间存在反向关系。因此，我们选择了一个平衡评估指数（BAI）来评估 TAM 和 IM。BAI 计算如下。

$$BAI=MCC×NOP$$

对比 TAM（表 4.1）和 IM（表 4.2），IM 最终得到的 BAI（80.4）大于 TAM 的每一步，甚至 IM 的每次迭代也优于 TAM 的任何一步。结果表明，在配体结合残基预测的优化方面，IM 的预测效果明显优于 TAM。否则，使用 BAI 进行性能评估时，即使是 TAM 生成的分类器也不优于初始分类器（即

阈值 $N=1$）。

为了详细评估 TAM 和 IM 的性能，我们选择了 TAM9 分类器（阈值 $N=$ 9）、IM8 分类器（经过第八次迭代）和初始分类器（阈值 $N=1$ 和迭代 $=0$），并对这些分类器的结果进行了分析。利用 BAI 方法来衡量预测成功率，并根据每个实例的平均 BAI 得分将 TAM9 和初始分类器得到的结果与 IM8 分类器得到的分数进行比较。同时，使用 Wilcoxon 符号秩和检验对性能差异的统计显著性进行了分析。评价结果见表 4.3。IM8 的平均 BAI 分数高于 TAM 和初始分数的平均 BAI 分数。IM8 分类器的预测值比 TAM9 分类器的预测值提高了 0.441（BAI），比初始分类器的预测值提高了 0.114（BAI）。根据 Wilcoxon 符号秩和检验，在 99% 的水平上，两个分类器的改进具有统计学意义。

表 4.3　IM8 与 TAM9 和初始分类器的 BAI 平均得分比较

分类器	分类器 BAI 平均得分	IM8BAI 平均得分	平均得分增加量	P 值
TAM9	0.046	**0.487**	0.441	0.000
初始分类器	0.373	**0.487**	0.114	0.000

注：P 值为使用 BAI 得分时配对 Wilcoxon 符号秩和检验计算的值。最高平均分用粗体表示。

TAM 的提出是基于这样一个假设，即位于结合位点核心的残基应该是重要的。这些阈值实际上代表了残基在核心结合位点内的程度。分析认为，可能有一个主要原因导致了 TAM 的性能不佳。也就是说，TAM 所依赖的基于块的模型可能不是一个足够精确的模型，使得阈值无法准确定位残基，因此，训练分类器时 TAM 遗漏了一些重要的结合残基来训练随机森林。然而，在 IM 的每一次迭代中，大多数决策树没有投赞成票的结合残基应该被删除并添加到否定群中。这些残基被认为不同于大多数结合残基，而更类似于非结合残基。通过这些程序，正例组得到了细化，很容易与负例组区分。结果表明，IM 优化后的随机森林具有更好的配体结合残基预测性能。

4.3　基于最小协方差行列式（MCD）和马氏距离的蛋白质-蛋白质结合位点识别

识别蛋白质-蛋白质相互作用位点（PPIS）为了解蛋白质的功能提供了重要线索，并在系统生物学和药物发现等领域变得越来越关键。许多预测器已经开发出来，利用各种各样的算法来解决这个问题。已经确定了大量对相互作用界面具有一定预测能力的属性[171]。它们大致可分为三类：①氨基酸序列中残基的类型和性质；②进化保守型；③结构的原子坐标中包含的信息。不幸的是，没有一个属性足以明确识别相互作用界面[172]。因此，许多方法将这些特性集成到相互作用界面预测中以获得更好的性能。此外，也有一些研究仅基于序列信息进行相互作用界面预测[126,127,173,174]。尽管PPIS预测领域在预测能力方面取得了显著进展，但由于精度有限，其许多潜在应用仍然受到挑战[175]。

根据作用时间长度或能量强度，蛋白质复合物分为永久性和暂时性复合物[84,176,177]。因此，永久界面和瞬态界面之间存在着一个主要区别，即残基倾向不同[101]，包括更少的疏水性[20]和更多的极性残基[84]。因此，一般来说，这两种相互作用类型的训练往往会得到一个平庸的分数。预测器设计时单独考虑永久和瞬态界面也变得很流行[175]。所有预测器中，很多只聚焦于瞬态作用界面预测，这些作用界面有很大的制药相关性[103,107,112,127,164,178~181]，尤其是信号转导级联[177]。如果不涉及永久性作用界面，瞬态作用界面识别不需要处理它们，因此可以提高分数。也就是说，在一定程度上消除了永久作用界面对瞬态作用界面预测的负面影响。

一种蛋白质可以与多个伴侣蛋白相互作用，并形成由其表面不同部分组成的界面，然而这些蛋白质之间的相互作用通常并不为人所知。几乎所有已发表方法的训练数据集都只包含二聚体（双组分复合物）。因此，存在着一些错误定义为非界面类型的界面，这给预测器的性能带来了麻烦。

识别错误的相互作用界面数据应该是解决上述问题的直接途径。统计方法通常提供简单而有用的方法来识别或分类数据。例如，马氏距离和协方差方法已用于预测蛋白质结构类[159,182]、域结构类[183,184]、蛋白质细胞属性[185]、蛋白质亚细胞定位[186]；和膜蛋白类型[187]。在这里，如果将虚假数据视为异常值，稳健统计可以为其提供有效的解决方法。当 $p > 2$ 时，很难检测出 p 变量数据中的异常值，因为人们不再依赖于目视检查。虽然利用马氏距离来检测单个离群值仍然相当容易，但由于掩蔽效应，这种方法不再满足于多个离群值的检测，因为掩蔽效应使得多个离群值不一定具有大的马氏距离。最好使用基于多变量位置和散度的稳健估计的距离。此外，多变量位置和离散度的稳健估算是增强主成分分析和判别分析等其他多变量技术的关键工具[188]。最小协方差行列式（MCD）是一种高度鲁棒的多变量位置和离散估计量，它的目标是找出协方差矩阵行列式最小的 h 个观测值（n 个外），从而使其对异常值的容忍极限为 $n-h$。通过参数 h 的设置，从 n 个观测值中得到精确的数据（h 观测值），可以用来构造一个新的预测模型，而不涉及异常值。对于 PPIS 预报器的建立，在 MCD 实现后，实际上 PPIS 的定义发生了变化，相应的训练数据集也随之更新和优化。为了便于实际应用，还应选取测试数据来剔除新预测器不能很好预测的异常值。在这项工作中，我们尝试用 MCD 方法来分析和讨论数据筛选如何提高 PPIS 的预测。数值计算结果表明了该方法的有效性。

4.3.1　数据集

选择三个数据集进行预测器构建和验证。其中两个数据集来自 Chen 和 Jeong（标记为 CJ 数据集）的研究，以及 Bradford 和 Westhead（标记为 BW 数据集）的研究[64,126]，它们分别经过严格的筛选过程。它们也被用来预测 PPIS。CJ 数据集包括从 54 个复合物中提取的 99 条多肽链，共有 6 种相互作用类型：抗体抗原、蛋白酶抑制剂、酶复合物、大型蛋白酶复合物、G 蛋白和其他。BW 数据集由 149 个复合物中的 180 个蛋白质组成，其中 36 个与酶抑制剂相互作用有关，27 个与异-永久相互作用有关，87 个与同-永久相互作用有关，30 个与非酶抑制剂瞬时相互作用有关。很明显，在大小和界面类型方面，这两个数据集之间存在很大的差异。第三种方法是修改后的 Docking Benchmark 3.0 集合 188 种蛋白质（DS188)[189,190]，以生成与其他机器学习预测器相比的性能测试。比较项目 Cons-PPISP[97]、Meta-PPISP[154]、PIN-UP[103]、Promate[112] 和 RAD-T[180] 的得分报告已经生成[180]，并直接用于与我们的预测值进行比较。所有蛋白质数据均从蛋白质数据库下载[86]。

4.3.2　残基模型和评价指标

对于蛋白质，如果溶剂可及表面积（ASA）不小于其有效最大暴露量的 6％，则残基被定义为表面残基[151]。界面残留物预测只考虑表面残留物。除非另有说明，否则下述任何残留物均视为表面残留物。引入了一个基于块的模型（第 3 章），该模型具有与蛋白质表面残基的结构和物理化学特征相关的 28 个特征，用于表征每个残基。它包含三个块区域，每个块区域由一个中心残基及其 $n-1$ 个最近的空间残基组成（$n=5$、9 和 15）。较小的补丁包含在较大的补丁中。每个块区域由九种性质描述：溶剂可及表面积（ASA）、主链 ASA、溶剂化能、疏水性、深度指数、突出指数、偏好性、聚集指数、理论 B

因子。这样，每个残基有 28 个特征，即第二结构类型和三个块的 27 个性质。如果一个残基至少有一个非氢原子位于其伴侣蛋白的 6Å 内，则该残基被视为界面残基。在 CJ 数据集的 17600 个表面残基中，3433 个残基被定义为界面残基（阳性类）。显然，这是一个不平衡的数据分类问题，其中负样本与阳性样本的比约为 4∶1。

为了提供一种更直观、更易于理解的方法来衡量预测质量，基于 Chou[191] 在研究信号肽预测时使用的公式，采用了以下四种度量方法。根据 Chou 的公式，灵敏度、特异性、总体准确度和 Matthews 相关系数（MCC）可表示为：

$$
\begin{cases}
\text{灵敏度}=1-\dfrac{N_-^+}{N^+}, & 0\leqslant\text{灵敏度}\leqslant1 \\[3mm]
\text{特异性}=1-\dfrac{N_+^-}{N^-}, & 0\leqslant\text{特异性}\leqslant1 \\[3mm]
\text{总体准确度}=1-\dfrac{N_-^++N_+^-}{N^++N^-}, & 0\leqslant\text{总体准确度}\leqslant1 \\[3mm]
\text{MCC}=\dfrac{1-\left(\dfrac{N_-^+}{N^+}+\dfrac{N_+^-}{N^-}\right)}{\sqrt{\left(1+\dfrac{N_+^--N_-^+}{N^+}\right)\left(1+\dfrac{N_-^+-N_+^-}{N^-}\right)}}, & -1\leqslant\text{MCC}\leqslant1
\end{cases}
\tag{4.1}
$$

式中，N^+ 为被调查的结合残基总数；N_-^+ 为错误预测为非结合残基的结合残基数量；N^- 为被调查的非结合残基总数；N_+^- 为错误预测为结合残基的非结合残基数量。

Matthews 相关系数是一种平衡测量，即使类的大小非常不同，也可以使用它[192]。指出这组指标只对单标签系统有效，这是很有启发性的。对于系统生物学[158,193~195] 和系统医学[193] 中定义的多标记系统，需要文献 [196] 中定义的一组完全不同的度量。

4.3.3　MCD 计算、马氏距离和鲁棒距离

FAST-MCD 是一种计算 MCD 估计量的快速算法。对于较小的数据集，它可以找到精确的 MCD，而对于较大的数据集，它声称能给出比开发时的替代方法更准确的结果[188]。参数 h 决定了估计量的鲁棒性和有效性。如果采取

的话，可以达到最高的可能的击穿点，但这种选择会导致效率低下。另一方面，h 值越高，效率越高，击穿点越小。因此，在实践中需要考虑效率和健壮性之间的折中。为了更好地折中效率和故障值，h 应该约为 $0.75n$。

任何向量 x_i 与经典平均值 $\overline{x}$ 之间的马氏距离 MD_i 为：

$$\mathrm{MD}_i = \sqrt{(x_i - \overline{x})' S^{-1} (x_i - \overline{x})} \tag{4.2}$$

式中，S 是经验协方差矩阵。

在 MCD 计算后，给出 MCD 位置和离散估计（$\hat{\mu}_{\mathrm{MCD}}$ 和 $\hat{\Sigma}_{\mathrm{MCD}}^{-1}$），并定义任意矢量 x_i 与 MCD 位置 $\hat{\mu}_{\mathrm{MCD}}$ 之间的鲁棒距离 RD_i 为：

$$\mathrm{RD}_i = \sqrt{(x_i - \hat{\mu}_{\mathrm{MCD}})' \hat{\Sigma}_{\mathrm{MCD}}^{-1} (x_i - \hat{\mu}_{\mathrm{MCD}})} \tag{4.3}$$

我们分别将 FAST-MCD 应用于 CJ 数据集的正例（3433 个结合残基）和负例（14167 个非结合残基）子集。正例子集 FAST-MCD 分配给 h_p 2575，负例子集 FAST-MCD 分配给 h_n 10625。实施 FAST-MCD 后，产生 4 个新的亚群，分别标记为 P_h、P_r、N_h 和 N_r，P_h 为 h_p 残留正例组中最小决定因子，P_r 为其余正例组。同样地，N_h 是具有最小行列式的 h_n 剩余负例群，N_r 是剩余的负群。通过这些子集计算 MCD 估计量。对于正例子集，位置估计量 T_p 是这些 h_p 观测值的平均值，协方差估计量 C_p 由最小行列式的协方差矩阵给出。同样，对于负例子集，位置估计量 T_n 是这些 h_n 观测值的平均值，协方差估计量 C_n 由最小行列式的协方差矩阵给出。上述估计量的公式如下：

$$T = \overline{x} = \frac{1}{t} \sum_{i=1}^{t} x_i \tag{4.4}$$

$$C = \frac{1}{t} \sum_{i=1}^{t} (x_i - T)' (x_i - T) \tag{4.5}$$

式中，x_i 是子集的每个残差的 28 维特征向量；t 是它的样本大小。

另外，利用正、负两个子集，计算了经典样本估计量。

4.3.4　随机森林

使用随机森林和 800 棵树，在 CJ 和 MCD（即 $P_h + N_h$）数据集上训练两个预测器。投票比例被设置为 0.5 的阈值，一个对象必须获得 0.5 的投票比例才被归类为正例，如果这个阈值没有通过，它将被归类为负例。MCD 数据集是通过 MCD 计算得到的 CJ 数据集的新版本，其具有较少的异常值。

4.3.5 交叉验证和独立测试

用这两个预测器来说明 MCD 数据筛选对 PPIS 预测的影响。对于随机森林，袋外（OOB）误差估计是一种 leave-one-out 交叉验证，即刀切交叉验证，但在许多测试中被证明是无偏的。通过 MCC 形式的 OOB 误差估计，我们对这两种预测器的性能进行了比较，其结果揭示了数据质量对 PPIS 预测的影响程度。此外，我们也选取 BW 资料集进行独立测试，以评估预测因子。BW 数据集比 CJ 数据集具有更多的蛋白质相互作用类型，适合作为构建预测器的训练数据集。我们直接将这两个预测器应用于 BW 数据集，得到它们的准确度。此外，通过 MCD 计算，CJ 数据集被分成两个部分：$P_h + N_h$ 和 $P_r + N_r$，前者只是 MCD 数据集，用于建立预测器。作为一个训练集，CJ 数据集做了这样的分割。因此，对于作为测试集的 BW 数据集的所有残差，如果其中一个更接近 $P_h + N_h$ 数据集而不是 $P_r + N_r$ 数据集，那么它将被 MCD 预测器分类，否则就不会。根据上述残基模型，残基可以用 28 维空间中的点或向量来表示。因此，任意两个残基的相似性可以通过它们在 28 维空间中的距离来表示。然而，如何将距离定义为衡量二者相似性的有效尺度是一个微妙的问题。马氏距离曾被用来预测蛋白质结构类[159]，MCD 方法也用它来计算任意两个向量之间的距离。因此，本研究选取此数学方法作为相似性测度，来计算任何两个残基目标在基于块的模型下的相似度。马氏距离公式如下：

$$\mathrm{MD}(x_i, x_j) = \sqrt{(x_i - x_j)' C_{x_j}^{-1} (x_i - x_j)} \qquad (4.6)$$

根据式(4.6)，可以计算点 x_i 和 x_j 之间的距离，其中来自数据集（P_h、P_r、N_h 和 N_r）点 x_j 的协方差矩阵 $C_{x_j}^{-1}$。对于 BW 数据集的任何一个点，其与数据集的最小距离（$P_h + N_h$ 或 $P_r + N_r$）可以通过对其与数据集每个点之间的所有距离进行排序得到。对于 BW 数据集中的一个残基，如果与 $P_h + N_h$ 数据集的最小距离小于 $P_r + N_r$ 数据集的最小距离，则由 MCD 预测器进行预测。这些残基被收集形成一个新修订的 BW 数据集，其用来从实际应用的角度评估 MCD 预测器。

4.3.6 实验结果与分析

4.3.6.1 表面残基的 MCD 计算和统计分析结果

对 CJ 数据集进行 MCD 计算，结合残基和非结合残基分别进行，并对结果分别进行统计分析。研究发现，从统计分析角度来讲，这两部分分析得到的结论非常类似。MCD 方法的目的是获得多维变量数据位置和离散性的 MCD 估计值，其能抵抗一定程度的异常值，即更具鲁棒性。它也依赖于一个前提假设：数据样本的分布是正态的。在搜索 MCD 估计值的过程中，数据中的离群值就会显现出来。MCD 计算之后，数据的鲁棒马氏距离［式(4.1)，马氏距离的直接鲁棒化］用来检测它是否是一个离群值。在正态假设的条件下，离群值即为鲁棒距离大于阈值 $\sqrt{\chi^2_{p,0.975}}$ 的数据。在 CJ 数据集中，结合残基和非结合残基的数量分别为 3433 和 14167，即属于大样本数据，所以这两个数据集具有相同的阈值 $\sqrt{\chi^2_{p,0.975}}=6.67$，不管是鲁棒马氏距离还是标准马氏距离。

对于鲁棒距离，指数图可以让我们观察它们的分布并寻找异常点。图 4.2 分别包括结合残基和非结合残基的两幅图。每个图中的横线表示截止值 6.67。根据异常值标准，可以找到超过截断线的许多异常值。观察发现，从下到上，所有的残留物几乎是连续分布的，并且越过了截断线。基于鲁棒距离和马氏距离，距离-距离（D-D）图用于可视化异常值，并比较鲁棒和经典结果，为每个残差显示其鲁棒距离与马氏距离。在图 4.3 的每个图中，在截止值=6.67 处画出水平线和垂直线。如果所有的数据来自单一的多元正态分布，那么 D-D 图中的所有点将通过（0，0）到（6.67，6.67）位于虚线段附近。在这两个例子中，许多点位于第三象限中的矩形中，它们的两个距离都是正常的，而异常数据点位于更高的位置。在异常值中，一些观测值的鲁棒距离大于截断值，但是它们的马氏距离却小于它们。使用马氏距离时，这些观测值位于第一象限中，并且被掩盖了。在第二象限中也有大量异常值，它们被两种距离同时识别。此外，所有点都在图 4.3 的每个图的虚线上方。也就是说，对于每个点，鲁棒距离大于马氏距离，这与假设正态性情况完全不同。如果通过 MCD 方法找到单个多变量分布，则将有一些点的鲁棒距离小于其马氏距离。从以上所有结果可以看出，结合残基和非结合残基数据集都应该具有许多不同分布类型的混合分布。但是，这些服从各种分布的残基被定义为某种残基，即结合或非结合，这导致被定义为结合或非结合残基具有很少的共同特征。这正是结合残基难以准确识别的原因。那么，MCD 方法能否发现结合残基的各种分布？答案可能是不能。对于非结合残基，也是如此。重要的是要注意，如果采取 MCD 方法可以达到最高的 breakdown point（$h \approx n/2$），这使得 MCD 方法难以搜索更小尺寸（$<n/2$）的分布。虽然可以提出一种迭代 MCD 方法，其中连续执行 MCD 方法多次以寻找小尺寸的分布。但是，据我们所知，现有的数学定理

尚无法确定迭代过程可以准确地找到整个分布。即使如此，PPIS 预测也可以从 MCD 方法中受益，即为建立预测器提供更精确的数据。

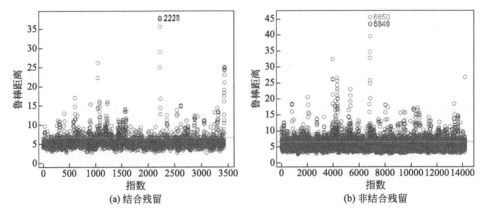

图 4.2　鲁棒距离指数图

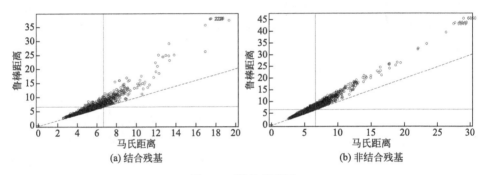

图 4.3　距离-距离图

4.3.6.2　基于 MCD 和马氏距离预测方法的评价和比较

对于 MCD 方法，将研究去除异常值对 PPIS 预测的影响程度，尽管聚类结果不是很理想。通过评估预测性能与 MCC 度量直接比较两个预测器，它们都使用随机森林算法，一个基于 CJ 数据集，另一个基于 MCD 数据集。MCD 数据集来自 CJ 数据集，该数据集的成员距离其中心最远的 25% 已被删除。所以，前者被称为 CJ 预测器，后者被称为 MCD 预测器。首先，从两个方面来评估这两个预测指标的表现。①基于 CJ 数据集的随机森林算法的留一验证，即预测器构建过程中的 out-of-bag 错误估计。②使用 BW 数据集和 DS188 作为独立的测试集来评估预测。其次，根据 MCD 数据集的生成过程，其中一部分 CJ 数据集以异常值的名义被删除，BW 数据集和 DS188 也经历了去除异常值的过程。对于测试集，假定任何成员的分类类型是未知的。在这一点上，BW 数据集和 DS188 不同于 CJ，它被看作是训练集，其中已经定义了结合残基和非结合残基。因此，MCD 方法只能通过去除异常值来优化 CJ 数据集，而不是这两个测试集。为了识别 BW 数据集和 DS188 中的异常值，利用了应用于 CJ 数据集的 MCD 方法的结果。在 MCD 计算之后，产生了四个子集。P_h 和 N_h 是 CJ 数据集的主要部分，P_r 和 N_r 是其中一个的异常部分。对于一个测试集，根据马氏距离公式（2）计算每个残基与四个子集之间的距离，其中每个都被定义为其与相应子集中的最近残基之间的距离。如果一个残基的最近子集是 P_h 或 N_h，它将由 MCD 预测器预测，否则不会。根据这个条件，通过筛选 BW 数据集和 DS188，分别有 17892（58.8%）和 3056（12.3%）个残基。

对于独立测试，使用四个指标来评价预测效果，结果总结在表 4.4 和表 4.5 中，分别基于 BW 数据集和 DS188。从表格中可以看到，在所有四个指标中，没有一个预测指标可以超越竞争对手。评价指标中的提升通常以另一个（或几个其他）指标为代价。蛋白质-蛋白质结合位点预测通常包括不平衡的数据集，Accuracy 度量指标不能很好地估计预测的准确性。而 MCC 适用于不平衡的正类和负类数据集，所以在此适合用作评估预测指标的关键指标。

表 4.4　BW 数据集上预测器的性能度量

方法	灵敏性	特异性	准确性	MCC
CJ 预测器	0.434	0.815	0.711	0.255
MCD 预测器	0.115	0.985	0.748	0.220
使用 MD 筛选的 MCD 预测器	0.406	0.879	0.768	0.311

表 4.5　基于 DS188 的本实验预测器与其他预测器的比较

方法	灵敏性	特异性	准确性	MCC
CJ 预测器	0.066	0.965	0.851	0.053
MCD 预测器	0.383	0.668	0.632	0.036
使用 MD 筛选的 MCD 预测器	0.326	0.888	0.827	0.195
Cons-P	0.305	0.919	0.805	0.267
RAD-T	0.647	0.628	0.632	0.222
Meta-P	0.267	0.936	0.812	0.262
PINUP	0.347	0.884	0.784	0.246
Promate	0.303	0.879	0.772	0.195

　　对于留一验证，CJ 预测器取得的 MCC 预测值为 0.321，去除部分异常值后，MCD 预测器的预测准确率（MCC）显著增加至 0.470。通过查看表 4.4 和表 4.5 中的相关结果发现，与独立测试相比，留一验证取得了更高的精度。这个结果很容易理解，因为这两个独立测试集具有比 CJ 数据集更多的蛋白质-蛋白质相互作用类型。与 CJ 数据集相比，MCD 数据集的训练数据较少，因此 MCD 预测器在独立测试中准确性较低。经过马氏距离筛选后，MCD 预测器对 BW 数据集和 DS188 预测的准确率分别为 0.311 和 0.195，均高于未经马氏距离筛选的 CJ 预测器和 MCD 预测器。从表 4.5 数据看到，使用马氏距离筛选的结果对于 DS188 及其五个竞争对手而言也具有相当水平的预测效果。这表明去除异常值可以有效地改善蛋白质-蛋白质结合位点预测。特别值得强调的是，从实践的角度来看，要真正实现这一目标，对测试数据进行筛选或提炼是必不可少的，并使之与训练过程相适应。

　　蛋白质-蛋白质结合位点预测的方法很多，如特征选择、基于同源性预测器、机器学习预测器等。特征选择是机器学习不可缺少的一部分，其中冗余和不相关的属性从特征集中删除，以确保预测效果。所以，特征选择通常被用于预测器构建。但是，在预测蛋白质-蛋白质结合位点时，数据选择几乎没有受到关注。本项目采用 MCD 方法和马氏距离对训练和测试数据进行了数据选择。结果表明，数据选择也是改善蛋白质-蛋白质结合位点预测的一种非常有效的方法。事实上，这种方法的想法与预测蛋白质分类非常相似。例如，训练数据仅包含瞬时复合物，其用于构建瞬时蛋白质的结合位点预测器，这也是基于相似性原理。但是，基于较小规模，在残基水平上，本实验方法聚集数据以简化残基分布。对于这样的聚集组，不同类型的残基更容易相互区分。基于蛋白质分类的预测相当于为每个目标蛋白质准备一个合适的预测器，类似地，基于残差分类的预测为每个目标残基提供一个适当的预测器。当每种类型的残基（结合或非结合残基）被聚类成多个组时，蛋白质-蛋白质结合位点预测从一个两类问题变成一个多类问题。参考本实验方法处理过程，通过几个连续的聚类过程以去除异常值，蛋白质-蛋白质结合位点预测应包含多个两类预测器，即多类预测器。如果想要这个策略起作用，那么就有两个问题需要解决。首先，界面残基具有丰富的多样性，但在特征上没有显著差异。在图 4.3 中，距离-距离图表明，界面残留物和非界面残留物，都像连续体，在离它们中心的马氏距离方向上几乎都是连续的分布。因此，当使用聚类方法划分训练数据时，难以在残基连续体上定义阈值。其次，假设已经建立了一组两类预测器，那么，如何为目标残基分配预测器？这是决定这种多类策略可行性的最关键的问题。

本项目提出了一种基于马氏距离的方法，虽然不是一个理想的方法，但可以解决这个问题。该方法直接使用特征数据，因此很容易受到许多关于特征和数据的问题的干扰。因此，对于这个问题，还有很大的改进空间，预计会有新的、有效的方法出现。

本项目研究中注意到导致 PPIS 预测困难的两个事实。①PPIS 具有很大的多样性，并且根据不同的分类标准，有多种结合类型，如专用、瞬态、核心、边缘，以及可能更多且每种几乎都包含连续的方差。残基聚类也可以使 PPIS 预测从两类问题转变为多类问题，而为了分离多种类型残基（如核心与边缘与表面），多级分类的机器学习技术具有改进的潜力。②当收集构建预测指标的蛋白质-蛋白质结合位点时，数据错误不能完全避免。例如，存在一种蛋白质由多个配体组成，一种蛋白质与多种蛋白质相互作用的现象。这样就可能会忽略一部分结合界面，将它们视为非接口，从而给训练数据带来错误。因此，数据细化和聚类只是针对上述困难的一种高度针对性的方法。在这项研究中，使用 MCD 方法将训练集分为两部分：聚类组和离群组。前者被用来构建一个预测器，然后基于马氏距离的方法为该预测器分配适当的测试数据部分。数值分析表明，该方法可以提高预测精度，但代价是一部分测试数据未能预测。如果想要预测这部分测试数据，就需要构建更多针对这些测试数据的新预测器。

如结果所示，本项目设计的方法经证明是有效的。但是，为了使这个策略更好地工作，需要进一步设计或开发更有效的训练数据聚类和测试数据分配方法。实质上，这两种技术都基于共同的基础-距离度量，这取决于计算所使用的特征向量定义。矢量定义越合适，预测性能就会越高。后续工作中，可以通过特征选择尽可能地优化特征向量的定义。此外，使用距离度量的方法必须包含相似性原则。为了预测各种目标残基，需要通过添加尽可能多的残基来改进用于预测器构建的训练集。因此，构建训练集也是改进方法的未来工作。

4.4　基于随机森林邻近距离的蛋白质-蛋白质结合位点识别

随着时间的推移，尽管 PPIS 预测领域的精确度稳步提高，但在其足够精确以用于许多潜在应用之前，仍然存在挑战[175]。在我们之前的研究中，采用随机森林（RF）算法构建 PPIS 预测器，其中预测器构建过程本身包含一个交叉验证，即袋外（OOB）误差估计。另外，我们使用马氏距离从测试数据集中选取所有与训练数据相似的残差进行测试。根据 Matthews 相关系数（MCC），经过残基选择后，预测效果较好。从统计学的角度来看，这种结果的改进可以解释为新的测试集在残差分布上更接近于训练数据集。这可能源于生物数据库中的系统偏差，即蛋白质数据库（PDB）是 PPIS 研究的主要数据来源[197]。PPIS 预测的目的是建立基于有限部分代表性蛋白质的预测模型，以覆盖蛋白质序列/结构空间。然而，PDB 中的当前信息是高度有偏的，因为它不能充分覆盖整个序列/结构空间。例如，膜蛋白在自然界中代表一个非常重要的结构类别，但是由于需要脂质双分子层或替代双亲分子，它们的结构通常非常难以确定[198]。大多数 PPIS 预测者依赖于训练数据集来训练他们的学习模型，主要是从 PDB 中获得的。训练数据集的产生过程中包含了各种各样的数据质量和冗余过滤器，包括 PDB 滤波、序列相似性截断等。但是这些滤波器并不能完全避免数据集偏差对预测精度和鲁棒性的影响。因此，马氏距离作为一种相似度量可以提高独立测试的预测能力。

虽然用马氏距离对测试数据集进行过滤，减少了训练数据集与测试数据集之间的差异，提高了预测结果，但马氏距离存在一个缺点，即马氏距离只对连续变量定义良好，而对分类变量没有定义。文献中的许多其他距离度量都存在同样的问题，例如欧几里德距离、明可夫距离、余弦距离（cosine distance，CD）等。幸运的是，使用随机森林可以解决这个问题，它提供了一种统一的方法来定义连续变量和分类变量的数据之间的距离，即基于邻近矩阵的邻近距离（PD）。RF 往往适用于更大和更高维的数据，这对于存在大量残差的 PPIS 预测通常不是问题。

一旦 RF 经过训练或测试，就可以生成邻近矩阵，从而量化样本的相似性。通过测量这两个样本占据 RF 同一棵树的相同终端节点的次数除以 RF 中的树的数目，计算两个样本之间的邻近度。提出了一种基于数据邻近矩阵的数据分类方法，该方法明显优于支持向量机、普通 RF、贝叶斯分类器等[199]，在支持向量机（SVM）中，为了提高分类精度，还使用了一种新的邻近矩阵作为核矩阵[200]。为了从观测数据中得出无偏推断，设计了一种基于邻近矩阵的匹配方法[201]，根据所有背景变量产生均衡的处理组和对照组，能够很好地处理缺失数据。本节数值分析表明，用马氏距离选择试验数据集提高了预测精度，但对剩余试验数据的预测精度较差，在同时考虑预测精度和预测范围的情况下，将根据过滤效果评估邻近距离（PD）。我们还试图通过调整计算随机森林的训练数据集来优化邻近距离。

4.4.1　数据集

为了评价不同距离测度的过滤效果,选取 3 个数据集进行预测器构建、残基筛选和独立验证,从两个分别标记为 BW 和 CJ 的严格筛选数据集[64,126]。CJ 数据集包括从 54 个杂合物中提取的 99 条多肽链,共有 6 种相互作用类型:抗体抗原、蛋白酶抑制剂、酶复合物、大型蛋白酶复合物、G 蛋白和其他。BW 数据集包含了来自 149 个复合物的 180 个蛋白质,其中 36 个与酶抑制剂的相互作用有关,27 个与异-专性相互作用有关,87 个与同源-专性相互作用有关,30 个与非酶抑制剂的瞬时相互作用有关。很明显,在大小和作用界面类型方面,两个数据集之间有很大的差别。BW 数据集比 CJ 数据集具有更大的蛋白质分子多样性。第三个数据集是一个包含 188 个未结合蛋白质的改良的对接基准集 3.0 (DS188)[189,190]。在本节研究中,CJ 数据集用于训练随机森林预测器,BW 和 DS188 数据集用于进行独立测试。

4.4.2　残基模型

蛋白质包括表面残基和非表面残基。界面残基预测只考虑表面残基。对于表面残基,其溶剂可及表面积(ASA)至少为其有效最大暴露量的 6%。除非另有说明,否则下述任何残基均视为表面残基。每个残基由一个基于块的模型表征,该模型具有与蛋白质表面残基的结构和物理化学特性相关的 28 个特征(第 3 章)。基于块的模型包含三个具有嵌套结构的块,每个块由九个属性〔溶剂可及表面积(ASA)、主链 ASA、溶剂化能、疏水性、深度指数、突起指数、偏好性、聚集指数、理论 B 因子〕来描述。这样,每个残基有 27 个连续变量和 1 个离散变量(其二级结构类型)。如果一个残基至少有一个非氢原子位于其伴侣蛋白的 6Å 内,则该残基被视为结合残基。在 CJ 数据集的 17600 个表面残基中,3433 个残基被定义为结合残基(正类)。以 BW 数据集为测试集,共有 8280 个结合残基和 22136 个非结合残基。负例与正例样本的比例约为 3:1。在 DS188 数据集中,有 3807 个结合残基和 26363 个非结合残基。负例与正例的比例约为 7:1。显然,它们是不平衡的数据分类问题。

评价 PPIS 预测的方法有灵敏度、特异性、总准确度、MCC 和 F_1 评分,表示如下[170,191]:

$$
\begin{cases}
\text{灵敏度} = 1 - \dfrac{\mathrm{FN}}{\mathrm{TP}+\mathrm{FN}} & 0 \leqslant \text{灵敏度} \leqslant 1 \\[3mm]
\text{特异性} = 1 - \dfrac{\mathrm{FP}}{\mathrm{TN}+\mathrm{FP}} & 0 \leqslant \text{特异性} \leqslant 1 \\[3mm]
\text{总体准确度} = 1 - \dfrac{\mathrm{FN}+\mathrm{FP}}{\mathrm{TP}+\mathrm{FN}+\mathrm{TN}+\mathrm{FP}} & 0 \leqslant \text{总体准确度} \leqslant 1 \\[3mm]
\mathrm{MCC} = \dfrac{\mathrm{TP}\times\mathrm{TN}-\mathrm{FP}\times\mathrm{FN}}{\sqrt{(\mathrm{TP}+\mathrm{FN})(\mathrm{TP}+\mathrm{FP})(\mathrm{TN}+\mathrm{FP})(\mathrm{TN}+\mathrm{FN})}} & -1 \leqslant \mathrm{MCC} \leqslant 1 \\[3mm]
F_1 = 2\,\dfrac{\text{precision}\times\text{recall}}{\text{precision}+\text{recall}} = \dfrac{\mathrm{TP}}{\mathrm{TP}+\frac{1}{2}(\mathrm{FP}+\mathrm{FN})} &
\end{cases}
\tag{4.7}
$$

其中，TP、FP、TN、FN 分别为真阳性、假阳性、真阴性、假阴性的个数。F_1 分数和 MCC 是平衡的度量，即使类的大小非常不同也可以使用，也是评估 PPIS 预测值质量的常用度量。F_1 分数是一种结合模型精度和召回率的方法，与算术平均值一样，作为一个几何平均值，它介于准确度和召回率之间，一个完美的 F_1 评分是 1 分。MCC 是观测到的和预测的二元分类之间的相关系数，它返回一个介于 -1 和 $+1$ 之间的值。

4.4.3　随机森林

利用 800 棵树，我们在 CJ 数据集上训练了一个 PPIS 随机森林预测器。为了得到最佳的随机森林预测器作为评价不同距离指标性能的标准预测器，分别对参数 mtry 和 voting threshold（投票阈值）进行了调整，以选择最优的参数值。mtry 是在树的每个节点上为最佳分割选择的变量数，调整范围在 4～12。在 0～1 范围内对 voting threshold 进行了优化，得到最大的 MCC。如果剩余票数超过投票阈值，则该票数将被归类为赞成票。否则，将被归类为负例。

4.4.4　距离度量

在 PPIS 预测器计算测试数据之前，可以使用距离度量来选择与训练数据相似的测试数据。也就是说，距离度量的功能是在测试数据中找到与训练数据中的残基在特征上尽可能相似的残基。这种思想是基于这样一个假设，即一组与训练数据具有较高相似度的残基会导致更准确的分类。在这里，我们提出了三种距离度量，即邻近距离，马氏距离和余弦距离。

在标准随机森林中，由建树过程产生邻近矩阵。一旦随机森林被训练，邻近矩阵显示样本之间的相似性在袋外（OOB）集（随机森林算法的内部验证集，用于获得性能度量）。在本研究中，使用邻近度来过滤测试数据。但是随机森林程序包没有任何测试集样本与其训练集邻近样本之间的邻近度量。因此，我们将相关代码添加到随机森林程序中，使其能够计算邻近度量。在计算测试数据时，修正的 RF 程序将计算训练数据与测试数据之间的邻近矩阵。基于邻近矩阵，得到了邻近测度（proximity measure）。

以数学方程的形式，近似度量被写成：

$$p(i,j) = N_{ij}/T \tag{4.8}$$

式中，N_{ij} 是样本 i 和 j 在随机森林的同一棵树的同一终端节点结束的次数；T 是森林中的树数。

邻近距离（PD）定义为：

$$\text{pro}(i,j) = 1 - p(i,j) \tag{4.9}$$

马氏距离（MD）通常用于根据特征值量化两个样本 i 和 j 之间的相似性，可以写成：

$$\text{mah}(i,j) = (X_i - X_j)/C^{-1}(X_i - X_j) \tag{4.10}$$

式中，X_i 和 X_j 分别是样本 i 和样本 j 的特征向量；C 是数据中所有训练样本的样本协方差矩阵。

余弦相似性是内积空间中两个向量之间相似性的度量，它度量它们之间夹角的余弦，定义为：

$$s(i,j) = \sum_{k=1} X_{ik}X_{jk} / \left(\sqrt{\sum_{k=1} X_{ik}^2} \sqrt{\sum_{k=1} X_{jk}^2} \right) \tag{4.11}$$

式中，X_i 和 X_j 分别是样本 i 和样本 j 的特征向量；k 表示为特征向量的第 k 个特征值。余弦距离（CD）定义为

$$\cos(i,j) = 1 - s(i,j) \tag{4.12}$$

上面的余弦距离仅为正值定义。

4.4.5　数据过滤与评价

从测试集中的任何残基到训练集中的距离定义为它与训练集中最近的残基的距离。基于距离数据，测试集的所有残基根据它们与训练集中残基的接近程度进行排序，从最接近 CJ 数据集的顺序进行排序。一般来说，在牺牲预测规模的情况下，可以比整个测试集更准确地预测排序靠前的残基。因此，当采用

数据过滤来提高测试集的预测结果时，除上述评价指标外，其客观评价应包括描述预测尺度的评价措施。为了便于计算和表示预测尺度，我们使用了最高秩的残基占总数的百分比。根据我们的观察，预测规模和预测性能是反向变化的。百分比值越大，预测性能越差，因此很难客观地比较不同距离度量的过滤效果。在这里，用百分比表示的预测规模是固定的，即用一系列数字（从10%到90%，间隔10%）来评估百分比。10%是指上述100%中的前10%，其余的可以用同样的方式来完成。在预测尺度固定、MCC和F_1得分作为预测性能指标的条件下，不同的距离测度可以得到公平的比较。

4.4.6 邻近距离优化

邻近距离来源于随机森林预测器，决定了其相似性描述能力。影响随机森林预测器性能的主要参数有：构成森林的树的数目、树的每个节点上要分割的特征数和投票阈值。除此之外，与其他机器学习方法一样，训练数据也是影响随机森林应用的另一个因素。在建立机器学习模型时，训练数据的质量是影响模型性能的重要因素之一。在本研究中，我们只考虑训练数据，探讨训练资料调整在多大程度上影响预测器，并最终影响PD。与先前的研究相似，我们采用迭代方法来调整训练数据，以产生新的PD定义的预测器。调整方法是缩小训练数据集的规模。迭代法产生了两个新的训练集。一个减少到原始训练数据集的75%，另一个减少到50%。例如，为了建立一个新的训练集，规模为50%，一个迭代过程执行如下。

（1）在原始训练数据（CJ数据集）上运行RF以获得第一个预测值，并计算每个样本（残基）的投票值，其中任何负例样本均需重新赋值为1减去RF分配给它的投票值的差值。

（2）参照投票值，保留较大的50%样本，形成新的训练数据集。

（3）在新的训练数据上运行随机森林，得到一个新的预测器并计算其OOB-MCC值。原始训练数据的每个样本的投票值也参照步骤"（1）"计算。

（4）重复步骤"（2）"和"（3）"，直到两个最新预测器的OOB-MCC差值不大于0.01。

在两个新的训练集（50%和75%）的基础上，我们建立了两个随机森林预测器，并用来产生两个PD定义。根据训练集的规模（50%和75%），这两个PD定义分别表示为50PD和75PD。通过对这些不同PD定义的比较，讨论了邻近距离优化问题。

4.4.7　实验结果与分析

4.4.7.1　标准随机森林预测器构造

为了公平地评价本节所采用的所有距离度量的性能，需要一个随机森林预测器作为标准预测器来预测不同距离度量产生的测试数据。为了提高随机森林的预测性能，对随机森林进行优化的方法有很多种，这些方法都致力于寻找最优的森林规模、mtry 和投票方案。在这里，我们将森林大小设置为 800 棵树，分别优化 mtry 和投票方案的值来产生标准预测器。mtry 和投票方案的优化过程如图 4.4 所示。当选择 mtry 时，投票阈值设置为默认值 0.5。mtry 的最佳值为 8，MCC 最大（0.33）。然后将 mtry 设为 8，同时对投票阈值进行筛选。在这一步之后，最大的 MCC 值（0.401）被实现，投票阈值为 0.35。因此，我们得到了最佳的随机森林分类器作为标准的 PPIS 预测因子（标准 RF）来比较不同的距离度量。对于标准射频，其相应的邻近距离（PD）也称为标准 PD。

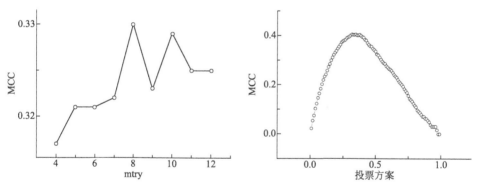

图 4.4　调整 mtry 和投票方案的随机森林优化

4.4.7.2　标准邻近距离的影响

在本研究中，标准 PD 在独立测试中起作用。在标准 RF 计算 BW 数据集之后，标准 PD 根据"4.2.5"生成了 9 个过滤测试集（从 10％到 90％）。BW 数据集表示为 BW100，过滤测试集分别表示为 BW10、BW20、BW30、BW40、BW50、BW60、BW70、BW80 和 BW90。它们的规模如表 4.6 所示。为了评估标准 PD 的效果，选择了一个集成方法[202] 来进行客观的性能比较，它采用了与标准 RF 相同的训练集和测试集。这是选择集成方法的主要原因，该方法选择多种特征，并用 62 个特征表示每个残基，而不是我们研究中使用的 28 个特征的数量。

表 4.6　标准 RF 和集成法的性能比较

方法	测试集	测试集规模[②]	灵敏性	特异性	准确性	MCC
集成法[①]	BW100	30416	0.72	0.75	0.74	0.35
标准 RF	BW100	30416	0.29	0.90	0.74	0.24
	BW80	24336	0.26	0.93	0.76	0.26
	BW60	18252	0.27	0.95	0.79	0.30
	BW40	12168	0.31	0.96	0.82	0.37
	BW20	6084	0.45	0.97	0.88	0.54

① 集成法的性能数据来自文献 [202]。
② 测试集规模由每个测试集中的残基数来赋值。

比较结果如表 4.6 所示。在表 4.6 中，从四个指标整体上看预测性能，当集成法和标准 RF 预测 BW100 时，两种方法的指示值都有起伏。在灵敏度和 MCC 方面，标准 RF 的得分均小于集成法。这表明集成法具有较好的预测效果。由于采用了标准 PD，根据四个指标，标准 RF 的预测结果在数值上不断增加。在三个指标（特异性、准确性和 MCC）上，BW40 或 BW20 的标准 RF 比 BW100 的集成法获得更大的得分。结果表明，标准 PD 可以显著提高标准 RF 的预测性能。

4.4.7.3　三种距离度量的比较

与标准 PD 一样，马氏距离和余弦距离也被应用于 BW 数据集，以生成各自的过滤测试集。这三个指标在数据集中的正负例数量是不同的。测试集是不平衡数据，其中标准 PD 的负例与正例样本比在 2.8 到 4.3 之间，马氏距离在 2.9 到 4.6 之间，余弦距离在 2.5 到 3.3 之间。从数据上看，标准 PD 与马氏距离相似，而余弦距离则大不相同。尽管 MCC 具有域依赖性，可能有助于预测过高，但它比灵敏度、特异性和准确性更适合于不平衡数据的评估[203~205]。F_1 得分也是一个非常有用的指标，尤其是在一个不平衡的数据集。因此，为了便于描述，我们将 MCC 和 F_1 得分作为距离度量比较的评价指标。

标准 RF 计算了所有测试集，预测结果如图 4.5 所示。从 MCC 和 F_1 评分曲线的形态来看，标准 PD 和马氏距离比较相似，余弦距离则有较大差异。这与上面描述的数据集组成规则是一致的。三种距离度量（标准 PD、马氏距离和余弦距离）得到的 MCC 平均值分别为 0.393、0.342 和 0.216。三个距离指

标的 F_1 平均得分分别为 0.458、0.378 和 0.362。根据 MCC 结果（BW10～BW90）的配对 t 检验，标准 PD 与马氏距离、标准 PD 与余弦距离有显著性差异（$p<0.05$）。根据 F_1 评分（从 BW10 到 BW90）的配对 t 检验，标准 PD 和马氏距离之间存在显著差异（$p=0.000$），而标准 PD 和余弦距离之间差异不显著（$p=0.130$）。从图 4.5 可以看出，对于过滤测试集（BW10、BW20、BW30、BW40 和 BW50），标准 PD 得到的 MCC 和 F_1 分数高于马氏距离和余弦距离。两项指标的配对 t 检验显示，标准 PD 与马氏距离、标准 PD 与余弦距离之间存在显著性差异（$p<0.05$）。从数据分析可知，标准 PD 的性能优于马氏距离和余弦距离，尤其是在距离训练集更近的测试集中。这说明标准 PD 可以更好地为预测筛选出残基。也就是说，从分类的角度来说，它比其他两种距离度量更能准确地描述不同残基之间的距离。

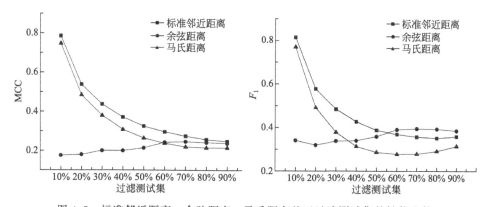

图 4.5　标准邻近距离、余弦距离、马氏距离基于过滤测试集的性能比较

对于 PPIS 预测，一个好的距离度量不仅可以描述两个向量之间的差异，而且可以对向量中的不同变量进行差异化处理。如果与 PPIS 预测相关性较大的变量对距离计算值的影响更大，那么这种距离度量可以帮助预测者获得更好的预测结果。在理想情况下，距离度量可以实现精确的残基聚类，因此可以很好地识别出适合预测的目标。我们可以看到，在图 4.5 中标准 PD 的曲线上，一系列数据集（从 BW10 到 BW90）的 MCC 值逐渐减小。结果表明，测试集与训练集的相似度越大，其预测精度就越高。两者也具有高度的线性相关性（$p<0.01$）。这说明标准 PD 可以描述预测结果的可靠性。因此，考虑到测试残基与整个训练数据集之间的距离，并对测试残基进行降序排序，可以用每个残基的秩来表示其预测的可靠性。残基排序越高，预测结果越可靠。

对于 CJ 数据集作为训练集，标准 RF 正确地预测了 14627 个残基，错误地预测了 2973 个残基。如果标准 PD 与标准 RF 的预测能力密切相关，则与前一数据相似的残基比与后者相似的残基更容易预测。在测试的 BW 数据集中，MCC 中有 27839 个与前一个数据相似的残基，与后一个数据相似的有 2577 个，预测结果分别为 0.153 和 0.155。这与上述假设不符。这一结果表明，标准 PD 不能区分预测准确与否。由于正确预测残基的数据集和预测错误的残基数据集都包含正反两类样本，仅基于距离的残基划分导致了两类预测结果类型的残基分类混乱。标准 PD 虽然来源于标准 RF，但与标准 RF 的预测能力并不密切相关。

4.4.7.4 邻近距离度量的优化

一个随机森林由一定数量的分类树组成，这些分类树在它们的终端节点上分配每个残基。根据相关公式，同一终端节点上任意两个残基之间的距离等于 0，而来自不同终端节点的任意两个残基之间的距离等于 1。因此，PD 的定义取决于随机森林中分类树的条件。为了提高 PD 算法的性能，我们考虑对随机森林的构建过程进行改进，主要包括森林大小、森林类型、投票方案和训练数据。然而，我们不能通过调整这些参数来直接优化 PD 的性能，因为随机森林算法以 OOB 错误率作为目标变量，而不是 PD。由于 PD 起源于 RF 预测器的预测过程，因此 PD 的描述能力应该与 RF 预测器的预测性能呈正相关。为了获得更精确的 PD，构造一个更精确的 RF 预测器可能是一种可行的方法。在我们之前的蛋白质-配体相互作用位点预测的研究中，我们提出了一种迭代的方法来构造具有更好的 OOB 交叉验证性能的预测器。在这里，我们提出了一种类似的迭代方法来优化 PD 定义，即保留固定比例（50％或 75％）的训练数据，用更多的投票数删除那些投票数较少的数据。本质上，这是一个数据聚合过程。在多个聚合之后，生成一个新的训练数据集，在这个数据集上训练一个新的 RF 预测器。新的 RF 预测器产生了一个新的近距离定义。通过这种方法，我们建立了两个新的 RF 预测器，分别为 50％和 75％，分别称为 50RF 和 75RF。它们的邻近距离度量相应地表示为 50PD 和 75PD。对于 50RF 和 75RF 的迭代过程，每个迭代步骤的 OOB-MCC 值如图 4.6 所示，其中 50RF 在 0.897 到 0.999 之间，而 75RF 在 0.716 到 0.761 之间。标准 RF 的 OOB-MCC 只有 0.401。因此，在 OOB-MCC 中，我们提出的迭代方法可以产生新的训练数据集，从而大大提高了预测性能。这里，50PD 和 75PD 分别对应于 MCC 值为 0.999 的 50RF 和 MCC 值为 0.761 的 75RF。

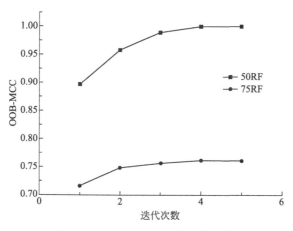

图 4.6　75RF 和 50RF 的迭代过程

　　测试集与 50RF 和 75RF 的两个训练数据集之间的邻近距离是基于它们各自的 PD（50PD 和 75PD）计算的。基于这些距离数据，分别为 50PD 和 75PD 生成了用于数据过滤评估的过滤测试集（每个测试集包括 9 个过滤测试集）。标准 RF 预测后，进行了三种不同邻近距离定义之间的性能比较（图 4.7）。为了测试这两种新的 PD 指标的性能，我们使用两个独立的测试集（BW 和 DS188 数据集）与标准 PD 进行比较。根据两个 PD 度量的定义，计算两个测试集中每个残基的邻近距离，即残差与相应训练集之间的最近距离。基于这些距离数据，使用上述过滤方法从每个测试集为三个距离度量（标准 PD、50PD 和 75PD）生成 9 个过滤测试集。标准 RF 预测了这些数据集。比较三种邻近距离度量的预测结果，以确定 PD 度量是否得到优化。

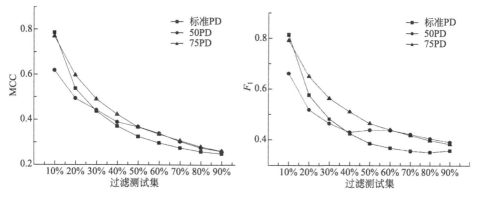

图 4.7　标准 PD、50PD 和 75PD 基于 MCC 和 F_1 分数的性能比较 1（过滤后的测试集来自 BW 数据集，这些数据集通过这些邻近距离度量进行过滤）

BW 数据集的预测结果如图 4.7 所示。可以看出，根据 MCC 和 F_1 评分，75PD 的结果除最左端点外均高于标准 PD，而 50PD 和标准 PD 各有优缺点。三种 PD 指标（标准 PD、50PD 和 75PD）的平均预测 MCC 分别为 0.393、0.388 和 0.425，F_1 平均得分分别为 0.458、0.465 和 0.514。75PD 的测定结果优于标准 PD 法。用配对 t 检验验证差异的可靠性。F_1 评分标准 PD 与 50PD 无显著性差异（$p=0.807$），标准 PD 与 75PD 差异极显著（$p=0.001$）。对于 MCC，标准 PD 与 50PD 之间没有显著差异（$p=0.817$），标准 PD 与 75PD 之间的差异非常显著（$p=0.003$）。

DS188 数据集的预测结果如图 4.8 所示。它的整体曲线形状与图 4.7 中的大不相同。由于曲线之间存在一些交点，因此不能简单地得到比较结果。我们仍然使用配对 t 检验来比较指数均值。三种 PD 指标（标准 PD、50PD 和 75PD）的平均预测 MCC 分别为 0.092、0.075 和 0.105，F_1 平均得分分别为 0.146、0.184 和 0.232。在这里，75PD 的结果也优于标准 PD。配对 t 检验的结果也很相似。F_1 评分标准 PD 与 50PD 无显著差异（$p=0.318$），标准 PD 与 75PD 差异显著（$p=0.070$）。对于 MCC，标准 PD 和 50PD 之间没有显著差异（$p=0.148$），标准 PD 和 75PD 之间的差异非常显著（$p=0.000$）。

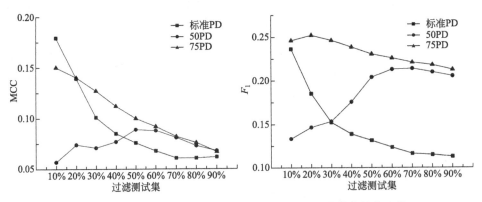

图 4.8 标准 PD、50PD 和 75PD 基于 MCC 和 F_1 分数的性能比较 2
（过滤后的测试集来自 DS188 数据集，这些数据集通过这些邻近距离度量进行过滤）

对比图 4.7 和图 4.8，可以看出 DS188 的结果更差。除了数据集组成的差异之外，还有一个原因是 DS188 是由未结合的蛋白质组成的，这些蛋白质在构象上不同于结合蛋白质。CJ 数据集和 BW 数据集中的蛋白质都是结合态。两个测试集得到的结果基本一致，也就是说，通过调整训练集可以改善邻近距离度量的过滤性能。

最后，我们再次验证了前面的问题，即邻近距离度量的性能是否与其相应的 RF 预测器的预测能力密切相关。目前已有三种 RF 预测器（标准 RF、50RF 和 75RF）及其相应的 PD 指标，我们将研究它们之间的性能相关性。邻近距离度量的性能用 MCC 均值表示。RF 预测器的性能表现为两个指标：OOB-MCC，它是 RF 预测器构建过程中内部产生的交叉验证，以及 RF 预测器在 BW 数据集上的独立测试 MCC。表 4.7 列出了所有数据。根据 Pearson 相关系数，MCC 均值与 OOB-MCC 的相关系数为 -0.010（$p=0.993$），MCC 均值与独立测试 MCC 的相关系数为 -0.975（$p=0.142$）。即使显著性水平设定为 0.100，测试结果也没有达到显著性范围。这表明 PD 度量的性能与其相应的预测器的预测能力没有密切的关系。

表 4.7　PD 性能及其相应 RF 预测器的预测精度

样本	MCC 平均值	OOB-MCC	独立测试 MCC
1	0.393	0.401	0.241
2	0.425	0.761	0.213
3	0.388	0.999	0.256

注：样本 1 是标准 RF 和 PD，样本 2 是 75RF 和 75PD，样本 3 是 50RF 和 50PD。

4.5　本章小结

本章旨在提出一种简单的迭代法来优化配体结合残基预测。该方法主要考虑修改结合残留物的定义，并通过以上分析，证明其作用是完全符合要求的。为了更准确地识别配体结合残基/位点，应考虑优化结合残基的定义。此外，IM 不依赖于具体的残差表示模型和学习算法，因此可以轻松地移植到不同的实例中。

我们使用来自随机森林的邻近距离（PD）作为前端步骤为预测器筛选测试数据。根据测试数据与训练数据之间的距离筛选测试数据，生成过滤后的测试集。为了评价 PD 的质量，我们做了一些比较实验。标准 RF 在过滤测试集上取得了比原始测试集更好的结果。在相似性描述方面，PD 比其他两种机器学习距离度量：马氏距离和余弦距离具有优势。此外，我们还提出了一种新的迭代方法来优化 PD 的性能，因为 PD 依赖于随机森林的树组成。迭代法只保留一定比例的训练数据，并逐步调整随机森林的组成。数值实验表明，通过调整训练数据可以优化 PD。但是，基于 Pearson 相关系数也发现 PD 与产生 PD

的 RF 预测器的性能没有线性相关性。因此,现有的以预测精度为目标,而不是以 PD 的距离描述能力为目标的 RF 训练方法,难以获得最佳的 PD 定义。为了更有效地优化 PD 定义,需要一种专门针对距离描述能力的训练方案。数值实验表明,测试数据与训练数据的距离越近,预测效果越好。这说明 PD 提供的距离信息可以用来表示预测结果的可靠性。作为一种前端方法,PD 度量也可以作为独立的距离度量来提高其他预测模型的预测性能。

在 PPIS 预测中,我们经常进行特征选择,而不是数据过滤。然而,我们的数值实验清楚地证明了数据过滤对于测试数据预测的有效性。因此,数据过滤是一个值得关注的研究方向,尤其是在预测方法的性能难以提高的情况下。

第5章

蛋白质结合位点预测及辅助
分子对接

5.1 引言

  本书前面章节旨在研究蛋白质结合位点预测方法，分析结合位点属性特征，为生物实验和模拟研究提供有用的工具。通过改进传统基于残基的氨基酸组成偏好模型，设计了基于原子和原子接触对的氨基酸组成偏好模型，验证结果显示，新模型的预测能力得到提高。基于结合位点上普遍存在着热点区域这一特点，设计了基于局部口袋偏好的蛋白质-配体结合口袋识别算法。为了进一步提高预测能力，采用更多的残基属性以增加可利用信息，由此设计了基于单块的残基属性定义模型，结合随机森林算法得到预测能力更强的蛋白质-配体结合位点预测方法。然后，设计基于多块的残基属性定义模型，并将它应用于蛋白质-蛋白质结合位点预测。最后，我们将使用分子对接对这些方法的应用能力进行验证。

  分子对接（molecular docking）是指两个或多个分子通过几何匹配和能量匹配相互识别的过程，作为一种重要的分子模拟技术，它有着广泛的应用，比如虚拟筛选（virtual screening）、药物开发（drug discovery）、K_a 值预测（prediction of K_a）、结合位点识别（binding-site identification）、受体去孤儿化（de-orphaning of a receptor）、蛋白质-蛋白质或蛋白质-核酸相互作用（protein-protein or protein-nucleic acid interactions）、结构-功能研究（structure-function studies）、酶反应机制（enzymatic reactions mechanisms）和蛋白质工程（protein engineering）。特别是对于药物设计有着重要意义，因为如

果药物分子要产生药效作用，就需要与靶蛋白相互结合。在结合过程中，两个分子采取合适的取向相互充分地接近以使两分子在必要的部位上相互契合、相互作用，然后经过适当的构象调整，最后得到一个稳定的复合物构象。通过分子对接确定的复合物构象，可以认识配体-蛋白质分子的正确位置和取向，从而可以研究两个分子构象，即配体分子构象在复合物形成过程中所发生的变化，进而确定药物作用机制。这正是设计新药的基础。

5.1.1　分子对接方法分类

按照分子类型，方法可分为蛋白质-配体对接和蛋白质-蛋白质对接。

按照考虑分子柔性的程度不同，蛋白质-配体对接方法可分为三类。

① 刚体对接　指在对接过程中，蛋白质和配体分子构象都不发生变化。

② 半柔性对接　指在对接过程中，蛋白质分子构象不变，而配体分子构象可以在一定的范围内变化。

③ 柔性对接　指在对接过程中，蛋白质和配体分子构象基本上都可以自由变化。

从模拟精度上讲，完全的柔性对接一般可以精确地描述分子间的相互作用情况，但是由于计算过程中考虑了太多的变量，相对于刚性对接，它的计算时间成本较大。

按照考虑分子柔性的程度不同，蛋白质-蛋白质对接方法大体分为两类，即刚性对接和柔性对接，其中，柔性对接依据柔性层次不同又分为三种。

① 侧链柔性　对接过程中，考虑侧链的变化。

② 主链柔性　对接过程中，考虑主链的变化。

③ 结构域柔性　对接过程中，考虑大范围结构域的相对变化。

5.1.2　目前面临的主要问题

分子对接是为了得到分子间结合的最佳方式。这就涉及两个主要问题：如何找到最佳的结合位置和如何确定分子间的结合强度，这些又分别归结为优化问题和分子间力的描述问题。由蛋白质和配体柔性而引起的键旋转"组合方式大爆炸"，即"搜索空间爆炸"，另外，对于熵和溶剂效应的模型描述还未在精度和计算时间之间找到最佳的平衡点。

结合位点预测对于分子对接是非常重要的。使用这些预测信息指导对接的途径一般有两种：前端使用和后端使用，并且它们是互补的[206]。前端使用是将搜索空间限制在蛋白质的局部区域，从而加快搜索过程。后端使用是在搜索过程结束后，预测信息辅助用来对对接构象进行排序，以减少假阳性结果。

本章使用基于随机森林的结合位点预测来辅助进行分子对接，检测预测信息对分子对接的辅助作用。蛋白质-配体结合位点预测信息用于前端使用，蛋白质-蛋白质结合位点预测信息用于后端使用。

5.2　结合位点预测信息前端使用辅助蛋白质-配体对接

结合位点信息用来定义配体构象搜索空间已是分子对接方法常用的加快计算速度的方法。本小节使用随机森林预测的结合残基定义配体构象搜索空间，配体于其中与受体相互作用，经过打分函数评价得到合理的蛋白质复合体构象。为了检测我们设计的结合残基预测方法，我们将与 Accelrys Discovery Studio v2.1（以下称 DS）中的结合位点预测程序进行比较。

5.2.1　材料与方法

5.2.1.1　DS 和 LibDock

DS 是基于 Windows 系统和个人电脑，面向生命科学领域的分子建模和模拟环境。它应用于蛋白质组、基于靶点药物研究，为研究人员提供易用的蛋白质模拟、优化和基于结构药物设计工具。通过高质量的图形、多年验证的技术以及集成的环境，DS 将实验数据的保存、管理与专业水准的建模、模拟工具集成在一起，为研究队伍的合作与信息共享提供平台。

DS 目前的主要功能包括：蛋白质的表征、同源建模、X 射线分析、基于结构的药物设计工具（包括配体-蛋白质相互作用、全新药物设计和分子对接）。DS 可以应用于生命科学以下研究领域：生物信息学、结构生物学、酶学、免疫学、病毒学、遗传与发育生物学、肿瘤研究和新药开发。

DS 中结合位点预测过程是这样的（图 5.1）。结合位点是基于受体的形状进行识别的。一个橡皮擦算法（eraser algorithm）用来擦掉所有不与受体结合的网格点。对于剩余的网格点，即与受体接近的点，一个充满算法（floodfilling algorithm）用来发现邻近区域，即未被占有的链接网格点。每个这样的区域依体积进行排序，体积低于设定值的区域被去除。

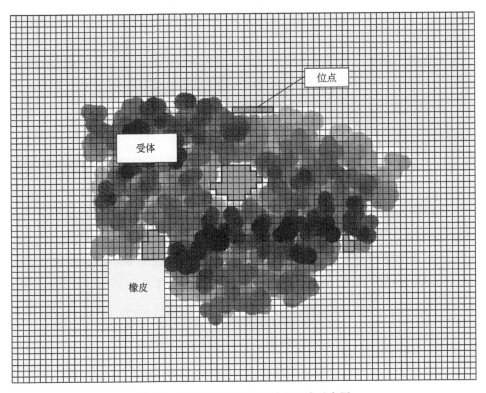

图 5.1　DS 中结合位点预测的二维示意图

黑色区域为受体，它占据了大量的网格点。一个正方体形状的橡皮擦通过网格，任何它能接触到而受体接触不到的网格点（周围的灰色）都被舍弃。剩下的点（白色）聚集成团，小位点被去除。剩下几个定义良好的结合位点（粗线框内），其中，一些被包埋在蛋白质分子内部，另一些则是表面可以接触到的。

LibDock 是 Diller 和 Merz 开发的蛋白质-配体对接程序[207]。它使用了被称为热点的蛋白质结合位点特征，有两种类型：极性（polar）和非极性（apolar）。极性热点倾向于接触极性配体原子，比如氢键受体或供体。非极性热点倾向于接触非极性配体原子，比如碳原子。受体热点在对接过程之前被计算，并且构象生成程序也提前生成大量配体构象。刚性配体姿态接着放入活性位点，并且以三联体方式与热点进行匹配。配体姿态被修剪，在打分之前，一个优化过程被执行。对接过程被出去的氢原子这时被加到配体姿态上。这些氢原子未被优化，所以它们需要进一步优化以保证受体-配体间氢键的正确形成。

LibDock 首先准备好一组预先生成的配体构象，并且受体上指定一个结合位点。具体执行步骤如下。

（1）去除氢原子。

（2）对配体构象进行排序，并依据溶剂可及表面积（ASA）对配体构象修剪。

（3）做一个网格置于结合位点处，使用极性和非极性探针寻找热点。通过聚类方法对热点数目进行修剪。

（4）通过与热点进行比对来对接配体姿态，与蛋白质发生碰撞的配体姿态被删除。

（5）使用一个简单的成对打分工具（类似于 piecewise linear potential），最后 Broyden-Fletcher-Goldfarb-Shanno（BFGS）姿态优化步骤被执行。

（6）加氢原子。

5.2.1.2　数据集

本小节研究使用 Laurie and Jackson 数据集中 35 个结合态蛋白质（表 3.1）作为测试集。将每个蛋白质复合体中的配体提取出来作为对接用配体，剩下的蛋白质作为受体。

5.2.1.3　执行方案

本小节研究的目的是比较 DS 结合位点预测方法和随机森林预测方法的对接前端使用效果。结合位点预测信息的作用主要是确定结合位点的定位，从而决定对接区域，即确定搜索空间。所以，在进行结合位点预测比较时，我们设定相同的参数进行对接计算，最后通过比较对接结果来判断不同预测方法在分子对接中前端使用的优劣。对接程序使用 LibDock，配体对接区域半径设为 9Å。

由于对接过程没有加氢，所以对接计算所得到的配体构象需要加氢再作最后的优化才能得到最后复合体构象。对于获得准确复合体构象这一目标而言，对接结果中的合理配体构象群就十分重要。一般来说，越多的合理配体构象，通过优化得到准确的复合体构象的可能性越大。因此，关于结合位点预测方法前端使用效果的比较，如果一种方法的对接结果中有较多的合理配体构象，那么我们就认为这种方法要优于另一种方法。

随机森林预测方法在 Top5 准则下能够 100% 找到 35 个测试蛋白的结合位

点，所以我们可以依据口袋几何特征确定所有的配体结合口袋。定义配体对接区域时，我们只使用组成配体结合口袋的残基中投票数最大的 6 个残基。DS预测方法预测得到的结合位点，我们从中选择与真实配体结合口袋重叠最大的预测位点来定义配体对接区域。

5.2.2 结果与讨论

5.2.2.1 计算结果的比较

基于 DS 结合位点预测方法和随机森林结合位点预测方法，分别对 35 个蛋白质-配体对进行了对接计算，结果统计列于表 5.1 中，DS 和 RF 列中分别记录了两种预测方法前端使用的情况下对接计算得到的合理配体构象数目。

表 5.1 使用 DS 和 RF 结合位点预测的对接实验结果比较

蛋白质	DS	RF	结果对比
1A6W	70	87	+
1ACJ	50	53	+
1APU	100	100	
1BLH	0	100	+
1BYB	97	98	+
1HFC	0	100	+
1ICN	100	100	
1IDA	100	100	
1IGJ	19	6	−
1IMB	100	100	
1IVD	0	0	
1MRG	0	13	+
1MTW	0	100	+
1OKM	100	100	
1PDZ	43	95	+
1PHD	76	81	+
1PSO	0	0	
1QPE	80	86	+

蛋白质	DS	RF	结果对比
1RBP	90	93	＋
1RNE	0	0	
1SNC	0	100	＋
1SRF	0	95	＋
1STP	92	95	＋
2CTC	96	96	
2H4N	100	100	
2PK4	0	0	
2SIM	99	100	＋
2TMN	100	100	
2YPI	99	99	
3GCH	78	72	－
3MTH	8	0	－
3PTB	0	29	＋
5P2P	100	100	
6CPA	0	0	
6RSA	0	96	＋

注："结果对比"列中的标识，＋代表同一行中 RF 列的值大于 DS 列的值，－代表 RF 列的值小于 DS 列的值。

从表 5.1 可以发现，48.6％（17/35）的测试例子中 RF 要优于 DS，42.9％（15/35）的测试例子中 RF 和 DS 相同，仅有 8.5％（3/35）的测试例子中 RF 劣于 DS。从这些比较数据来看，关于前端使用方面，RF 方法要优于 DS 方法。

5.2.2.2　失败例子分析

有 8 个例子（1BLH、1HFC、1MRG、1MTW、1SNC、1SRF、3PTB 和 6RSA）中对接计算未能找到任何合理配体构象，其主要原因是 DS 预测方法未能准确找到真实的结合位点。3MTH 是一个特例，尽管 DS 未能找到结合位点，但是 LibDock 却计算得到 8 个合理配体构象，这说明配体可能会具有多于 1 个的结合位点。另外，有 6 个例子（1IVD、1PSO、1RNE、2PK4、3MTH 和 6CPA），尽管 RF 找到了结合位点，但 LibDock 计算失败，这可能需要对对接参数做进一步的调整尝试。

5.3 结合位点预测信息后端使用辅助蛋白质-蛋白质对接

蛋白质-蛋白质对接是在两个或多个蛋白质分子结构已知的情况下，判断它们是否能够结合，以及预测其结合模式。其具体实现包括以下三个要素。

(1) 一个合适的蛋白质分子表示模型以及用于搜索的自由度定义。

(2) 一种能够尽可能完全搜索构象空间的算法。

(3) 一个能够正确区分不同预测结构的打分函数。

从蛋白质-蛋白质对接研究的初期开始，研究人员就已经决定组织一个公共的评价过程。这对于保持这一领域的活力来讲非常关键。CARPRI 即是对接相关科研群体进行的一次有益试验，其目标是在盲预测测试的基础上评价对接方法。到目前为止已举办了 25 届。CARPRI 评价显示对接研究人员面临着三个主要挑战。第一个是关于对预测结构正确打分的能力；第二个是多体对接；第三个是分子柔性。

图 5.2 描述了蛋白质-蛋白质对接的主要步骤。可以看到，实验信息（比如关于位点的信息）可以在对接过程中的很多阶段帮助进行结构的挑选。所以，结合位点的预测信息可以作为打分函数进行预测结构的排序挑选，这就是后端使用辅助蛋白质-蛋白质对接。

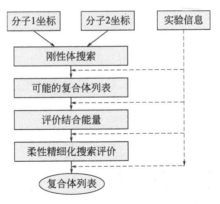

图 5.2 蛋白质-蛋白质对接的步骤

本小节将使用随机森林结合位点预测方法对测试蛋白进行结合残基预测，然后利用预测信息对对接程序预测的结构进行排序，为了评价其作为打分函数的作用，我们把使用预测信息进行排序的结果与 ZDOCK 打分函数排序的结果进行比较。

5.3.1　材料与方法

5.3.1.1　ZDOCK

ZDOCK 是一个带有优化的打分函数的基于 FFT 的初阶段刚体对接算法[208]。为了克服将蛋白质当作刚体处理的限制，ZDOCK 使用一个打分函数"软化"了蛋白质表面，以允许两个蛋白质表面的重叠，从而考虑可能的构象变化。经过不同的版本，ZDOCK 中的打分函数包含三个主要项目（形状互补、静电作用和去溶剂化作用）的多样组合。

5.3.1.2　数据集

我们使用蛋白质-蛋白质对接 Benchmark 3.0 中的非结合态蛋白质作为测试数据集，共计 124 对蛋白质（表 5.2）。

表 5.2　蛋白质-蛋白质对接标准数据集

复合体	PDB ID 1	PDB ID 2	I-RMSD[①]/Å	ΔASA[②]/Å^2	BM[③]
刚性体（88）					
1AHW _ AB：C	1FGN _ LH	1TFH _ A	0.69	1899	2
1BVK _ DE：F	1BVL _ BA	3LZT _	1.24	1321	2
1DQJ _ AB：C	1DQQ _ CD	3LZT _	0.75	1765	2
1E6J _ HL：P	1E6O _ HL	1A43 _	1.05	1245	2
1JPS _ HL：T	1JPT _ HL	1TFH _ B	0.51	1852	2
1MLC _ AB：E	1MLB _ AB	3LZT _	0.6	1392	2
1VFB _ AB：C	1VFA _ AB	8LYZ _	1.02	1383	2
1WEJ _ HL：F	1QBL _ HL	1HRC _	0.31	1177	2
2FD6 _ HL：U	2FAT _ HL	1YWH _ A	1.07	1139	3
2I25 _ N：L	2I24 _ N	3LZT	1.21	1425	3
2VIS _ AB：C	1GIG _ LH	2VIU _ ACE	0.8	1296	2
1BJ1 _ HL：VW	1BJ1 _ HL	2VPF _ GH	0.5	1731	2
1FSK _ BC：A	1FSK _ BC	1BV1 _	0.45	1623	2
1I9R _ HL：ABC	1I9R _ HL	1ALY _ ABC	1.3	1498	2
1IQD _ AB：C	1IQD _ AB	1D7P _ M	0.48	1976	2
1K4C _ AB：C	1K4C _ AB	1JVM _ ABCD	0.53	1601	2

复合体	PDB ID 1	PDB ID 2	I-RMSD①/Å	ΔASA②/Å²	BM③
1KXQ _ H：A	1KXQ _ H	1PPI _	0.72	2172	2
1NCA _ HL：N	1NCA _ HL	7NN9 _	0.24	1953	2
1NSN _ HL：S	1NSN _ HL	1KDC _	0.35	1776	2
1QFW _ HL：AB	1QFW _ HL	1HRP _ AB	1.31	1580	2
1QFW _ IM：AB	1QFW _ IM	1HRP _ AB	0.73	1637	2
2JEL _ HL：P	2JEL _ HL	1POH _	0.17	1501	2
1AVX _ A：B	1QQU _ A	1BA7 _ B	0.47	1585	2
1AY7 _ A：B	1RGH _ B	1A19 _ B	0.54	1237	2
1BVN _ P：T	1PIG _	1HOE _	0.87	2222	2
1CGI _ E：I	2CGA _ B	1HPT _	2.02	2053	2
1D6R _ A：I	2TGT _	1K9B _ A	1.14	1408	2
1DFJ _ E：I	9RSA _ B	2BNH _	1.02	2582	2
1E6E _ A：B	1E1N _ A	1CJE _ D	1.33	2315	2
1EAW _ A：B	1EAX _ A	9PTI _	0.54	1866	2
1EWY _ A：C	1GJR _ A	1CZP _ A	0.8	1502	2
1EZU _ C：AB	1TRM _ A	1ECZ _ AB	1.21	2751	2
1F34 _ A：B	4PEP _	1F32 _ A	0.93	3038	2
1HIA _ AB：I	2PKA _ XY	1BX8 _	1.4	1737	2
1MAH _ A：F	1J06 _ B	1FSC _	0.61	2145	2
1N8O _ ABC：E	8GCH _ A	1IFG _ A	0.94	1851	3
1OPH _ A：B	1QLP _ A	1UTQ _ A	1.21	1360	3
1PPE _ E：I	1BTP _	1LU0 _ A	0.44	1688	2
1R0R _ E：I	1SCN _ E	2GKR _ I	0.45	1409	3
1TMQ _ A：B	1JAE _	1B1U _ A	0.86	2401	2
1UDI _ E：I	1UDH _	2UGI _ B	0.9	2022	2
1YVB _ A：I	2GHU _ A	1CEW _ I	0.51	1743	3
2B42 _ B：A	2DCY _ A	1T6E _ X	0.72	2520	3
2MTA _ HL：A	2BBK _ JM	2RAC _ A	0.41	1461	2
2O8V _ A：B	1SUR _ A	2TRX _ A	1.37	1619	3
2PCC _ A：B	1CCP _	1YCC _	0.39	1141	2
2SIC _ E：I	1SUP _	3SSI _	0.36	1617	2
2SNI _ E：I	1UBN _ A	2CI2 _ I	0.35	1628	2

复合体	PDB ID 1	PDB ID 2	I-RMSD[①]/Å	△ASA[②]/Å²	BM[③]
2UUY _ A：B	1HJ9 _ A	2UUX _ A	0.43	1280	3
7CEI _ A：B	1UNK _ D	1M08 _ B	0.7	1384	2
1A2K _ C：AB	1QG4 _ A	1OUN _ AB	1.11	1603	2
1AK4 _ A：D	2CPL _	1E6J _ P	1.33	1029	2
1AKJ _ AB：DE	2CLR _ DE	1CD8 _ AB	1.14	1995	2
1AZS _ AB：C	1AB8 _ AB	1AZT _ A	0.72	1911	3
1B6C _ A：B	1D6O _ A	1IAS _ A	1.96	1752	2
1BUH _ A：B	1HCL _	1DKS _ A	0.75	1324	2
1E96 _ A：B	1MH1 _	1HH8 _ A	0.71	1179	2
1EFN _ B：A	1AVV _ A	1G83 _ A	0.77	1254	3
1F51 _ AB：E	1IXM _ AB	1SRR _ C	0.74	2407	2
1FC2 _ C：D	1BDD _	1FC1 _ AB	1.69	1307	2
1FQJ _ A：B	1TND _ C	1FQI _ A	0.91	1806	2
1GCQ _ B：C	1GRI _ B	1GCP _ B	0.92	1208	2
1GHQ _ A：B	1C3D _	1LY2 _ A	0.34	800	2
1GLA _ G：F	1BU6 _ O	1F3Z _ A	0.98	1304	3
1GPW _ A：B	1THF _ D	1K9V _ F	0.65	2097	2
1HE1 _ C：A	1MH1 _	1HE9 _ A	0.93	2113	2
1I4D _ D：AB	1MH1 _	1I49 _ AB	1.41	1657	2
1J2J _ A：B	1O3Y _ A	1OXZ _ A	0.63	1209	3
1K74 _ AB：DE	1MZN _ AB	1ZGY _ AB	0.8	2200	3
1KAC _ A：B	1NOB _ F	1F5W _ B	0.95	1456	2
1KLU _ AB：D	1H15 _ AB	1STE _	0.43	1254	2
1KTZ _ A：B	1TGK _	1M9Z _ A	0.39	989	2
1KXP _ A：D	1IJJ _ B	1KW2 _ B	1.12	3341	2
1ML0 _ AB：D	1MKF _ AB	1DOL _	1.02	2069	2
1QA9 _ A：B	1HNF _	1CCZ _ A	0.73	1353	2
1RLB _ ABCD：E	2PAB _ ABCD	1HBP _	0.66	1439	2
1S1Q _ A：B	2F0R _ A	1YJ1 _ A	0.98	1288	3
1SBB _ A：B	1BEC _	1SE4 _	0.37	1064	2
1T6B _ X：Y	1ACC _ A	1SHU _ X	0.62	1948	3
1XD3 _ A：B	1UCH	1YJ1 _ A	1.24	2281	3

复合体	PDB ID 1	PDB ID 2	I-RMSD[①]/Å	ΔASA[②]/Å^2	BM[③]
1Z0K _ A：B	2BME _ A	1YZM _ A	0.53	1787	3
1Z5Y _ D：E	1L6P	2B1K _ A	1.23	1346	3
1ZHI _ A：B	1M4Z _ A	1Z1A _ A	0.68	1322	3
2AJF _ A：E	1R42 _ A	2GHV _ E	0.65	1704	3
2BTF _ A：P	1IJJ _ B	1PNE _	0.75	2063	2
2HLE _ A：B	2BBA _ A	1IKO _ P	1.4	2116	3
2HQS _ A：H	1CRZ _ A	1OAP _ A	1.14	2333	3
2OOB _ A：B	2OOA _ A	1YJ1 _ A	0.85	808	3
中等难度（19）					
1BGX _ HL：T	1AY1 _ HL	1CMW _ A	1.48	5814	2
1ACB _ E：I	2CGA _ B	1EGL _	2.26	1544	2
1IJK _ A：BC	1AUQ _	1FVU _ AB	0.68	1648	2
1KKL _ ABC：H	1JB1 _ ABC	2HPR _	2.2	1641	2
1M10 _ A：B	1AUQ _	1M0Z _ B	2.1	2097	2
1NW9 _ B：A	1JXQ _ A	2OPY _ A	1.97	2112	3
1GP2 _ A：BG	1GIA _	1TBG _ DH	1.65	2287	2
1GRN _ A：B	1A4R _ A	1RGP _	1.22	2332	2
1HE8 _ B：A	821P _	1E8Z _ A	0.92	1305	2
1I2M _ A：B	1QG4 _ A	1A12 _ A	2.12	2779	2
1IB1 _ AB：E	1QJB _ AB	1KUY _ A	2.09	2808	2
1K5D _ AB：C	1RRP _ AB	1YRG _ B	1.19	2527	2
1N2C _ ABCD：EF	3MIN _ ABCD	2NIP _ AB	2.13	3635	2
1WQ1 _ R：G	6Q21 _ D	1WER _	1.16	2913	2
1XQS _ A：C	1XQR _ A	1S3X _ A	1.77	2350	3
2CFH _ A：C	1SZ7 _ A	2BJN _ A	1.55	2384	3
2H7V _ A：C	1MH1 _	2H7O _ A	1.63	1574	3
2HRK _ A：B	2HRA _ A	2HQT _ A	2.03	1595	3
2NZ8 _ A：B	1MH1 _	1NTY _ A	2.13	2599	3
困难（17）					
1E4K _ AB：C	2DTQ _ AB	1FNL _ A	2.59	1634	3
2HMI _ CD：AB	2HMI _ CD	1S6P _ AB	2.26	1234	2
1FQ1 _ A：B	1B39 _ A	1FPZ _ F	3.41	1832	2

续表

复合体	PDB ID 1	PDB ID 2	I-RMSD[①]/Å	ΔASA[②]/Å²	BM[③]
1PXV_A：C	1X9Y_A	1NYC_A	2.63	2336	3
1ATN_A：D	1IJJ_B	3DNI_	3.28	1774	2
1BKD_R：S	1CTQ_A	2II0_B	2.86	3163	3
1DE4_AB：CF	1A6Z_AB	1CX8_AB	2.59	2066	2
1EER_A：BC	1BUY_A	1ERN_AB	2.44	3347	2
1FAK_HL：T	1QFK_HL	1TFH_B	6.18	3363	2
1H1V_A：G	1IJJ_B	1D0N_B	6.62	2071	2
1IBR_A：B	1QG4_A	1F59_A	2.54	2270	2
1IRA_Y：X	1G0Y_R	1ILR_1	8.38	3367	3
1JMO_A：HL	1JMJ_A	2CN0_HL	3.21	3461	3
1R8S_A：E	1HUR_A	1R8M_E	3.73	2986	3
1Y64_A：B	2FXU_A	1UX5_A	4.69	2745	3
2C0L_A：B	1FCH_A	1C44_A	2.62	2013	3
2OT3_B：A	1YZU_A	1TXU_A	2.79	2306	3

① 结合界面和未结合界面最优重叠后界面残基 α 碳原子的 RMSD。

② 复合体形成时可及表面积的变化，定义为蛋白质 1 和 2 的 ASA 和减去所形成复合体的 ASA。ASA 由 NACCESS[209] 计算得到。

③ 包含指定例子的测试集版本号。

5.3.1.2 执行方案

ZDOCK 作为粗对接，是蛋白质-蛋白质复合体预测的第一步。从它的对接结果中如果能够筛选到近自然构象，那么这些近自然构象就可以经过进一步优化而得到最终精确的复合体结构。近自然构象符合的条件是 $0 < I\_RMS < 4.0$[210]，即对接构象与自然构象间结合残基 α 碳原子坐标的均方差在 $0 \sim 4.0$ 范围内。因此，对于 RF 预测信息的后端使用评价，我们主要考察近自然构象的排序。

ZDOCK 计算每一对蛋白质，得到 2000 个对接构象。这些构象的排序是按照 ZDOCK 的打分函数给出的分值进行排序的。RF 预测信息对构象进行排序的方法如下。

（1）识别每个构象中的界面残基，标准是与另一个分子上任何原子距离小于 6.0Å。

（2）RF 预测方法计算每个蛋白质分子上界面残基的预测投票值，求其平均值。

（3）构象中两个蛋白质的投票平均值相乘得到积值，这个值作为 RF 预测值对对接构象进行排序。

与 ZDOCK 打分函数进行比较的方法是，衡量各自排序中前 1000 个构象包含近自然构象的数目。

5.3.2 结果与讨论

5.3.2.1 与 ZDOCK 打分函数的比较

ZDOCK 对 Benchmark 3.0 中 124 个蛋白质对进行了计算，每个例子得到 2000 个对接姿态或构象。在 30 个例子的对接结果中未找到近自然构象，这使我们无法评价其近自然构象的排序，所以，能够用于评价近自然构象的例子有 94（124－30）个。

利用 RF 预测信息对 94 个测试例子进行了排序，结果列于表 5.3 中。与 ZDOCK 打分函数比较，50%（47 个）例子中 RF 预测信息在前 1000 个构象中找到近自然构象的数目较多；47.9%（45 个）例子中 RF 预测信息在前 1000 个构象中找到近自然构象的数目较少。仅有 2.1%（2 个）例子中两种方法结果相等。这说明，作为一种打分函数，RF 预测信息可以取得与 ZDOCK 打分函数相近的结果，且各具优势；也就是说，RF 预测信息能够用于挑选近自然构象，从而帮助提高蛋白质-蛋白质对接效率。

表 5.3　ZDOCK 打分函数和 RF 预测值的近自然构象筛选结果

PDB ID	ZDOCK_default[①]	ZDOCK_score[②]	RF_prediction[③]	结果对比[④]
1A2K	14	7	4	－
1ACB	19	15	19	＋
1AHW	12	3	0	－
1AK4	5	1	5	＋
1AKJ	6	3	0	－
1AVX	84	65	77	＋
1AY7	22	14	19	＋
1AZS	31	18	5	－
1B6C	33	27	33	＋
1BJ1	62	44	59	＋
1BUH	28	22	12	－

续表

PDB ID	ZDOCK _ default[①]	ZDOCK _ score[②]	RF _ prediction[③]	结果对比[④]
1BVK	15	8	14	＋
1BVN	39	39	37	－
1CGI	30	24	30	＋
1DFJ	23	23	13	－
1DQJ	7	1	2	＋
1E6E	25	21	16	－
1E6J	90	56	73	＋
1E96	16	13	15	＋
1EAW	40	26	29	＋
1EER	1	0	0	
1EFN	6	2	1	－
1EWY	33	27	33	＋
1EZU	8	3	7	＋
1F34	10	7	0	－
1F51	2	1	0	－
1FC2	5	1	4	＋
1FSK	52	33	10	－
1GCQ	2	0	2	＋
1GLA	13	7	7	
1GP2	15	13	14	＋
1GPW	6	2	3	＋
1GRN	12	3	0	－
1HE1	3	1	0	－
1HIA	1	1	0	－
1I2M	8	6	3	
1I4D	7	4	7	＋
1I9R	11	7	6	－
1IJK	10	3	10	＋
1IQD	48	42	45	＋
1J2J	56	44	47	＋
1JPS	12	3	1	－
1K4C	6	3	6	＋

续表

PDB ID	ZDOCK_default[①]	ZDOCK_score[②]	RF_prediction[③]	结果对比[④]
1K5D	7	4	1	—
1K74	15	9	0	—
1KAC	8	5	1	—
1KKL	5	2	5	+
1KXP	24	21	14	—
1KXQ	14	9	14	+
1MAH	32	25	31	+
1ML0	23	18	7	—
1MLC	14	4	1	—
1N8O	34	26	34	+
1NCA	6	6	4	—
1NSN	1	0	0	—
1OPH	44	30	44	+
1PPE	118	94	65	—
1QFW	5	4	0	—
1R0R	13	7	0	—
1RLB	25	17	24	+
1S1Q	10	6	10	+
1T6B	11	10	1	—
1TMQ	17	15	17	+
1UDI	20	12	20	+
1VFB	12	4	8	+
1WEJ	45	24	0	—
1WQ1	10	7	2	—
1XD3	75	65	75	+
1XQS	27	25	0	—
1YVB	51	40	6	—
1Z0K	20	17	16	—
1Z5Y	21	19	21	+
1ZHI	16	14	0	—
2AJF	4	4	3	—
2BTF	17	9	17	+

续表

PDB ID	ZDOCK _ default[①]	ZDOCK _ score[②]	RF _ prediction[③]	结果对比[④]
2CFH	24	21	24	＋
2FD6	50	42	0	－
2H7V	29	21	28	＋
2HLE	24	21	19	－
2HMI	20	19	20	＋
2HRK	22	19	22	＋
2I25	80	71	77	＋
2JEL	62	56	3	－
2MTA	41	34	41	＋
2NZ8	3	3	2	－
2O8V	35	28	35	＋
2OOB	7	2	1	－
2PCC	19	17	15	－
2QFW	37	31	35	＋
2SIC	29	25	29	＋
2SNI	22	8	22	＋
2UUY	39	14	36	＋
2VIS	13	5	5	－
7CEI	72	52	41	－

① ZDOCK _ default 为排名前 2000 个对接姿态中近自然构象的数目。
② ZDOCK _ score 为按照 ZDOCK 打分函数，排名前 1000 个对接姿态中近自然构象的数目。
③ RF _ prediction 为按照 RF 预测打分函数，排名前 1000 个对接姿态中近自然构象的数目。
④ "结果对比" 列中，＋表示 RF _ prediction 列中数值大于 ZDOCK _ score 列中的数值，－则表示相反的情况。

5.3.2.2　RF 预测能力的影响

一般当得票率大于等于 50％时，目标残基被预测为结合残基。表 5.4 中数据是 RF 预测方法对真实结合位点上的残基预测正确的百分比。我们用这个百分比来衡量 RF 预测的准确度。

对照着表 5.3 和 5.4，我们分别统计 RF 预测信息表现较好的例子中受体和配体的结合位点预测正确百分比平均值，其值分别为 0.359 和 0.466。对于 ZDOCK 打分函数表现较好的例子，进行同样的操作，得到数值 0.248 和 0.280。可以看到，前者都要大于后者，这说明较高的 RF 预测准确率有利于其作为打分函数筛选近自然构象。

表 5.4　RF 结合位点预测结果

PDB ID	Ligand	Receptor
1A2K	0.000	0.500
1ACB	1.000	0.174
1AHW	0.000	0.400
1AK4	1.000	0.000
1AKJ	0.455	0.038
1AVX	0.462	0.125
1AY7	0.000	0.467
1AZS	0.571	0.267
1B6C	0.500	0.253
1BJ1	0.824	0.792
1BUH	0.500	0.000
1BVK	0.050	0.632
1BVN	0.789	0.032
1CGI	0.667	0.267
1DFJ	0.306	0.000
1DQJ	0.130	0.318
1E6E	0.250	0.143
1E6J	0.000	0.400
1E96	0.000	0.438
1EAW	0.600	0.455
1EER	0.000	0.341
1EFN	0.071	0.818
1EWY	0.158	0.263
1EZU	0.414	0.200
1F34	0.382	0.054
1F51	0.192	0.500
1FC2	0.200	0.333
1FSK	0.000	0.739
1GCQ	0.235	0.583
1GLA	0.000	0.000

续表

PDB ID	Ligand	Receptor
1GP2	0.176	0.000
1GPW	0.400	0.103
1GRN	0.136	0.478
1HE1	0.636	0.038
1HIA	0.933	0.500
1I2M	0.000	0.000
1I4D	0.714	0.708
1I9R	0.095	0.167
1IJK	0.000	0.647
1IQD	0.688	0.378
1J2J	0.727	0.846
1JPS	0.130	0.360
1K4C	0.467	0.375
1K5D	0.000	0.172
1K74	0.000	0.346
1KAC	0.286	0.000
1KKL	0.200	0.566
1KXP	0.234	0.222
1KXQ	1.000	0.219
1MAH	0.714	0.154
1ML0	0.609	0.107
1MLC	0.000	0.048
1N8O	0.667	0.103
1NCA	0.320	0.280
1NSN	0.000	0.400
1OPH	0.053	0.750
1PPE	1.000	0.036
1QFW	0.632	0.615
1R0R	0.500	0.045
1RLB	0.786	0.524
1S1Q	0.250	0.118
1T6B	0.087	0.187

PDB ID	Ligand	Receptor
1TMQ	0.556	0.054
1UDI	0.208	0.346
1VFB	0.158	0.667
1WEJ	0.000	0.316
1WQ1	0.000	0.147
1XD3	0.450	0.273
1XQS	0.000	0.138
1YVB	0.867	0.154
1Z0K	0.500	0.227
1Z5Y	0.312	0.235
1ZHI	0.214	0.000
2AJF	0.450	0.167
2BTF	0.333	0.269
2CFH	0.538	0.560
2FD6	0.000	0.333
2H7V	0.688	0.368
2HLE	0.381	0.424
2HMI	0.524	0.714
2HRK	0.588	0.333
2I25	0.053	0.353
2JEL	0.000	0.292
2MTA	0.250	0.773
2NZ8	0.682	0.000
2O8V	0.526	0.000
2OOB	0.385	0.625
2PCC	0.000	0.000
2QFW	1.000	0.600
2SIC	0.769	0.000
2SNI	0.875	0.000
2UUY	1.000	0.136
2VIS	0.045	0.438
7CEI	0.000	0.500

5.4　本章小结

蛋白质复合体结构预测是通过计算手段找到合理的复合体结构。结合位点预测可以为蛋白质分子对接所面临的两个问题提供帮助。位点预测信息的前端和后端使用相互补充，能够提高分子对接的效率。前端使用限制搜索空间，加快搜索过程；后端使用充当打分函数，提高识别活性构象的能力。

我们把随机森林结合位点预测方法分别应用于蛋白质-配体对接和蛋白质-蛋白质对接。前者是前端使用，与 DS 自带的结合位点预测程序比较，我们的RF 方法对于分子对接的帮助作用要更大一些。后者是后端使用，与 ZDOCK打分函数比较，它们各有优势。

总之，结合位点预测信息对于蛋白质分子对接的帮助作用是不容置疑的。更准确的结合位点预测算法仍然是人们所期望的，因为准确率是目前预测算法应用的主要瓶颈之一。另外，预测信息应用模型也是值得探讨的一个问题，比如，如何把预测信息与现有打分函数结合以提高甄别活性构象的能力。

第6章
总结与展望

6.1 研究工作总结

生物分子和很多其他有机配体能够与蛋白质在其表面特定位点高度亲和结合。如何区分这样的结合位点与蛋白质其他表面区域,这个问题是蛋白质研究领域的前沿课题。近些年来,在蛋白质分子表面上预测可能结合区域的潜在价值越来越重要。随着生物学和医学中重要蛋白质的结构知识的不断增长,这样的预测方法变得更加实用化。它能够为合理药物分子设计提供帮助,同时也可以揭示蛋白质分子功能。对于功能预测和合理药物设计两方面的应用,都需要一个可靠的蛋白质-配体结合位点识别和定义方法。在蛋白质复合体三维结构已知的情况下,就可以对蛋白质-蛋白质相互作用界面以及蛋白质-配体结合面做关于氨基酸分布和物理化学特征的系统分析,这使得活性位点的识别成为可能。已经有很多计算方法被开发出来,利用这些信息预测蛋白质可能的结合位点。但是,目前的方法在预测精度和效率上仍然存在不足,所以需要进一步研究结合位点预测方法以提高其预测能力,揭示其关键影响因素。

本研究旨在发展蛋白质结合位点预测方法,分析结合位点属性特征,为生物实验和模拟研究提供有用的工具。通过改进传统基于残基的氨基酸组成偏好模型,设计了基于原子和原子接触对的氨基酸组成偏好模型,验证结果显示,新模型的预测能力得到提高。基于结合位点上普遍存在着热点区域这一特点,设计了基于局部口袋偏好的蛋白质-配体结合口袋识别算法。为了进一步提高预测能力,采用更多的残基属性以增加可利用信息,由此设计了基于单块的残基属性定义模型，结合随机森林算法得到预测能力更强的蛋白质-配体结合位点预测方法。然后，设计基于多块的残基属性定义模型，并将它应用于蛋白质-蛋白质结合位点预测。最后，使用分子对接对这些方法的应用能力进行验证。

配体结合位点有一个非常重要的几何特征，即作用区域是凹陷的，形状类似口袋。这就产生了一种可行的结合位点识别方案，先在蛋白质表面搜索寻找口袋，然后再依据所具有的特征从找到的口袋中识别结合口袋。本实验所选的口袋特征只有两个：氨基酸组成偏好和口袋尺寸。在这样的配体结合口袋识别流程中，改进的氨基酸组成偏好模型（基于原子和基于原子接触对的模型）表现都要优于基于残基的偏好模型。热点概念提示：口袋的关键局部区域与全部整个口袋相比可能更能代表配体结合位点的属性。于是，在计算氨基酸组成偏好时，使用局部区域代替全部口袋，从而得到基于局部偏好的配体结合口袋识别方法。该方法与几种现有的方法进行了比较，预测准确率相当，但具有较小的计算复杂度。这个方法主要涉及配体结合位点四个方面属性：口袋形状、口袋尺寸、氨基酸组成和热点特征。该方法较好的预测能力说明了这些属性与结合位点的功能相关。配体分子通常比较小，为了达到与蛋白质较稳定结合，就需要分子间有较大的接触面，而凹陷比平坦表面更能达到这个目标。口袋要容纳配体分子，就要有一定的尺寸。基于相同的相互作用物理基础也导致结合位点在氨基酸组成方面比较相似，也决定了氨基酸组成偏好具有较强的识别能力。在分子间整个相互作用面上作用力强度并不是均匀分布的，存在有主导相互作用的区域，即热点。但是，测试分析发现，口袋发现算法会限制识别方法的能力，因为它并不能百分之百找到结合口袋。当结合口袋无法找到时，识别算法就会失败。为了寻求不依赖口袋发现算法的方法，尝试进行以残基为目标进行预测，即预测结合残基，从而找到结合位点。蛋白质表面残基可以分为两类：结合残基和非结合残基，所以预测就是一个分类问题，其中的关键问题就是构造准确的分类器。随机森林算法是一种基于多个决策树的机器学习算法，分类树的构建需要有分类目标（即残基）的特征描述。基于单块的残基属性定义模型用来计算残基的特征向量，包括 8 个属性。在残基预测结束后，一种改进的聚类算法可用来筛选残基预测信息产生连续的蛋白质表面区域，即结合位点。测试时，这个方法取得了较高的准确率，并且对于非结合态蛋白，得到的结果也要优于最近发表的几个方法。由于构象变化是影响预测的因素之一，这些结果说明本实验方法对诱导契合引起的构象变化具有较高的耐受能力。

基于单块的残基属性定义模型应用于蛋白质-蛋白质结合位点预测并不能取得理想的准确率，所以，参照蛋白质-蛋白质结合位点的特点，充分考虑残基周围性质的渐变性，设计了基于多块的残基属性定义模型，同时增加了残基聚集程度和残基二级结构分类两个属性以增强残基定义模型的描述能力。由随机森林算法训练得到残基分类器，测试分析中，ROC 关系显示核心结合残基定义要比一般结合残基定义有更好的预测性能。也就是说，结合残基不同定义方式对分类器的预测性能有着很大的影响。在蛋白质-蛋白质结合残基和结合位点预测方面，与同类方法比较发现，基于多块的方法是一个优秀的预测器。

立足于蛋白质分类思想，重点研究了基于残基定义优化的数据划分对蛋白质-蛋白质结合位点预测的影响。基于 3D complex 数据库，选择家族标准数据集，基于随机森林算法使用迭代方法对蛋白质数据集分类，分成三个子集，构建了三个预测器，使用 Matthews 相关系数（MCC）作为预测性能评价指标，交叉验证结果表明三个子集的预测情况要优于分类前。这说明蛋白质分类对蛋白质-蛋白质结合位点预测有非常好的积极作用。其次，针对上述方法使用时无法控制各分类子集数据规模以及对独立数据分配合适的预测器，利用最小协方差行列式（MCD）和马氏距离设计了新方法，MCD 进行分类并控制子集规模，马氏距离用于为独立测试数据分配预测器，使用两个独立数据集测试表明分类操作可以提高预测性能，与当前流行方法比较，也能取得相当的性能。再者，由于基于 MCD 和马氏距离的方法预测效果的取得是以预测数量损失为代价的，所以针对预测器的分配，我们研究了多种距离测度方法，通过控制预测数量损失来评价不同距离测度方法的适用性，研究表明，随机森林算法衍生出的邻近距离在测试中的性能最优。由于邻近距离来源于随机森林分类器构造过程，从而汲取了残基分类中关键的残基描述变量优先级信息，这也提示基于分类过程来设计距离测度方法是一个很有希望的途径。

基于随机森林的预测器应用于辅助分子对接结果表明，本实验的方法能够用来缩小搜索空间以提高对接效率，同时预测信息也可以转化为打分模型用于对近自然对接姿态的挑选。

6.2　未来研究展望

基于已完成的部分工作，对后续工作做一些展望，归纳如下。

（1）从本实验的结果看，尽管基于块模型的方法取得了较好的准确率，但是非结合蛋白数据的测试结果要劣于结合蛋白数据，这说明构象变化仍然是影响预测能力的一个因素。我们仍然有必要改进方法进一步提高预测能力。

（2）本实验设计的预测信息打分模型在挑选近自然对接姿态方面对蛋白质-蛋白质对接能够发挥明显的辅助作用，且与基于能量的打分函数有一定的互补性。所以，设计更有效的预测信息打分模型以及将其与基于能量或知识的打分函数融合从而提高挑选能力也是非常有价值的工作。

（3）结合态位点构象属于活性构象，非结合态位点构象则可以认为是非活性构象。由结合态数据训练得到的预测器对非结合态数据预测能力差，也说明其对活性构象和非活性构象有一定的区分能力，这样，也就很有希望通过改造或利用现有预测方法来得到能够正确区分受体活性构象和非活性构象的方法，以期为各种模拟方法提供有帮助的工具。

参考文献

[1] Kendrew J C, Bodo G, Dintzis H M, et al. 3-Dimensional Model of the Myoglobin Molecule Obtained by X-Ray Analysis [J]. Nature, 1958, 181 (4610): 662-666.

[2] Hajduk P J, Huth J R, Fesik S W. Druggability indices for protein targets derived from NMR-based screening data [J]. J Med Chem, 2005, 48 (7): 2518-2525.

[3] Mattos C, Bellamacina C R, Peisach E, et al. Multiple solvent crystal structures: probing binding sites, plasticity and hydration [J]. J Mol Biol, 2006, 357 (5): 1471-1482.

[4] Cunningham B C, Wells J A. High-resolution epitope mapping of hGH-receptor interactions by alanine-scanning mutagenesis [J]. Science, 1989, 244 (4908): 1081-1085.

[5] Laurie A T, Jackson R M. Methods for the prediction of protein-ligand binding sites for structure-based drug design and virtual ligand screening [J]. Curr Protein Pept Sci, 2006, 7 (5): 395-406.

[6] 叶德泳. 计算机辅助药物设计导论 [M]. 北京: 化学工业出版社, 2004.

[7] 俞庆森, 邹建卫, 胡艾希. 药物设计 [M]. 北京: 化学工业出版社, 2005.

[8] Myers S, Baker A. Drug discovery -an operating model for a new era [J]. Nat Biotechnol, 2001, 19 (8): 727-730.

[9] Fischer E. Einfluss der configuration auf die wirkung der enzyme [J]. Ber Dtsch Chem Ges, 1894, 27: 2985.

[10] Koshland D E, JR., Ray W J, JR., Erwin M J. Protein structure and enzyme action [J]. Fed Proc, 1958, 17 (4): 1145-1150.

[11] Ma B, Kumar S, Tsai C J, et al. Folding funnels and binding mechanisms [J]. Protein Eng, 1999, 12 (9): 713-720.

[12] 徐筱杰. 超分子建筑: 从分子到材料 [M]. 北京: 科学技术文献出版社, 2006.

[13] Wade D M A R C. Structural, energetic, and dynamic aspects of ligand-receptor interactions [M] In Triggle D J A T, J. B. Comprehensive Medicinal Chemistry II. Oxford: Elsevier, 2007: 193-213.

[14] Slater J C, Kirkwood J G. The van der Waals forces in gases [J]. Phys Rev, 1931, 37: 682-686.

[15] Leis S, Schneider S, Zacharias M. In silico prediction of binding sites on proteins [J]. Curr Med Chem, 2010, 17 (15): 1550-1562.

[16] Reichmann D, Rahat O, Cohen M, et al. The molecular architecture of protein-protein binding sites [J]. Curr Opin Struct Biol, 2007, 17 (1): 67-76.

[17] Janin J, Chothia C. The structure of protein-protein recognition sites [J]. J Biol Chem, 1990, 265 (27): 16027-16030.

[18] Jones S, Thornton J M. Principles of protein-protein interactions [J]. Proc Natl Acad Sci U S A, 1996, 93 (1): 13-20.

[19] Tsai C J, Lin S L, Wolfson H J, et al. Studies of protein-protein interfaces: a statistical analysis of the hydrophobic effect [J]. Protein Sci, 1997, 6 (1): 53-64.

[20] Lo Conte L, Chothia C, Janin J. The atomic structure of protein-protein recognition sites [J]. J Mol

Biol, 1999, 285 (5): 2177-2198.

[21] Bahadur R P, Chakrabarti P, Rodier F, et al. A dissection of specific and non-specific protein-protein interfaces [J]. J Mol Biol, 2004, 336 (4): 943-955.

[22] Chakrabarti P, Janin J. Dissecting protein-protein recognition sites [J]. Proteins, 2002, 47 (3): 334-343.

[23] Laskowski R A, Luscombe N M, Swindells M B, et al. Protein clefts in molecular recognition and function [J]. Protein Sci, 1996, 5 (12): 2438-2452.

[24] Mattos C, Ringe D. Locating and Characterizing Binding Sites on Proteins [J]. Nat Biotechnol, 1996, 14 (5): 595-599.

[25] Campbell S J, Gold N D, Jackson R M, et al. Ligand binding: functional site location, similarity and docking [J]. Curr Opin Struct Biol, 2003, 13 (3): 389-395.

[26] Vajda S, Guarnieri F. Characterization of protein-ligand interaction sites using experimental and computational methods [J]. Opin Drug Discov Devel, 2006, 9 (3): 354-362.

[27] Clackson T, Wells J A. A hot spot of binding energy in a hormone-receptor interface [J]. Science, 1995, 267 (5196): 383-386.

[28] Thorn K S, Bogan A A. ASEdb: a database of alanine mutations and their effects on the free energy of binding in protein interactions [J]. Bioinformatics, 2001, 17 (3): 284-285.

[29] Laskowski R A, Watson J D, Thornton J M. Protein function prediction using local 3D templates [J]. J Mol Biol, 2005, 351 (3): 614-626.

[30] Laskowski R A, Watson J D, Thornton J M. ProFunc: a server for predicting protein function from 3D structure [J]. Nucleic Acids Res, 2005, 33: 89-93.

[31] Artymiuk P J, Poirrette A R, Grindley H M, et al. A graph-theoretic approach to the identification of three-dimensional patterns of amino acid side-chains in protein structures [J]. J Mol Biol, 1994, 243 (2): 327-344.

[32] Spriggs R V, Artymiuk P J, Willett P. Searching for patterns of amino acids in 3D protein structures [J]. J Chem Inf Comput Sci, 2003, 43 (2): 412-421.

[33] Kleywegt G J. Recognition of spatial motifs in protein structures [J]. J Mol Biol, 1999, 285 (4): 1887-1897.

[34] Lichtarge O, Bourne H R, Cohen F E. An evolutionary trace method defines binding surfaces common to protein families [J]. J Mol Biol, 1996, 257 (2): 342-358.

[35] Pazos F, Helmercitterich M, Ausiello G, et al. Correlated mutations contain information about protein-protein interaction [J]. J Mol Biol, 1997, 271 (4): 511-523.

[36] Kini R M, Evans H J. A hypothetical structural role for proline residues in the flanking segments of protein-protein interaction sites [J]. Biochem Biophys Res Commun, 1995, 212 (3): 1115-1124.

[37] Laskowski R A. Surfnet: a program for visualizing molecular surfaces, cavities, and intermolecular interactions [J]. J Mol Graph, 1995, 13 (5): 323-330.

[38] Peters K P, Fauck J, Frommel C. The automatic search for ligand binding sites in proteins of known three-dimensional structure [J]. J Mol Biol, 1996, 256 (1): 201-213.

[39] Ho C M, Marshall G R. Cavity search: an algorithm for the isolation and display of cavity-like bind
      ing regions [J]. J Comput Aided Mol Des, 1990, 4 (4): 337-354.

[40] Levitt D G, Banaszak L J. POCKET: a computer graphics method for identifying and displaying
      protein cavities and their surrounding amino acids [J]. J Mol Graph, 1992, 10 (4): 229-234.

[41] Kleywegt G J, Jones T A. Detection, Delineation, Measurement and Display of Cavities in Macro-
      molecular Structures [J]. Acta Crystallogr D Biol Crystallogr, 1994, 50 (Pt 2): 178-185.

[42] Hendlich M, Rippmann F, Barnickel G. LIGSITE: automatic and efficient detection of potential
      small molecule-binding sites in proteins [J]. J Mol Graph Model, 1997, 15 (6): 359-363; 389.

[43] Binkowski T A, Naghibzadeh S, Liang J. CASTp: Computed Atlas of Surface Topography of pro-
      teins [J]. Nucleic Acids Res, 2003, 31 (13): 3352-3355.

[44] Liang J, Edelsbrunner H, Woodward C. Anatomy of protein pockets and cavities: measurement of
      binding site geometry and implications for ligand design [J]. Protein Sci, 1998, 7 (9): 1884-1897.

[45] Brady G P, JR., Stouten P F. Fast prediction and visualization of protein binding pockets with
      PASS [J]. J Comput Aided Mol Des, 2000, 14 (4): 383-401.

[46] Venkatachalam C M, Jiang X, Oldfield T, et al. LigandFit: a novel method for the shape-directed
      rapid docking of ligands to protein active sites [J]. J Mol Graph Model, 2003, 21 (4): 289-307.

[47] Delaney J S. Finding and filling protein cavities using cellular logic operations [J]. J Mol Graph,
      1992, 10 (3): 174-177.

[48] Del Carpio C A, Takahashi Y, Sasaki S. A new approach to the automatic identification of candi-
      dates for ligand receptor sites in proteins: (I). Search for pocket regions. [J]. J Mol Graph, 1993,
      11 (1): 23-29; 42.

[49] Masuya M, Doi J. Detection and geometric modeling of molecular surfaces and cavities using digital
      mathematical morphological operations [J]. J Mol Graph, 1995, 13 (6): 331-336.

[50] Lee B, Richards F M. The interpretation of protein structures: estimation of static accesibility [J].
      J Mol Biol, 1971, 55 (3): 379-400.

[51] Connolly M L. Solvent-accessible surfaces of proteins and nucleic acids [J]. Science, 1983, 221
      (4612): 709-713.

[52] Hendlich M. Databases for protein-ligand complexes [J]. Acta Crystallogr D Biol Crystallogr, 1998,
      54 (Pt 6 Pt 1): 1178-1182.

[53] Verdonk M L, Cole J C, Watson P, et al. SuperStar: improved knowledge-based interaction fields
      for protein binding sites [J]. J Mol Biol, 2001, 307 (3): 841-859.

[54] Wade R C, Clark K J, Goodford P J. Further development of hydrogen-bond functions for use in
      determining energetically favorable binding-sites on molecules of known structure . 1. ligand probe
      groups with the ability to form 2 hydrogen-bonds [J]. J Med Chem, 1993, 36 (1): 140-147.

[55] Wade R C, Goodford P J. The role of hydrogen-bonds in drug binding [J]. Prog Clin Biol Res,
      1989, 289: 433-444.

[56] Miranker A, Karplus M. Functionality maps of binding sites: a multiple copy simultaneous search
      method [J]. Proteins, 1991, 11 (1): 29-34.

[57] Jain A N. Scoring noncovalent protein-ligand interactions: a continuous differentiable function tuned to compute binding affinities [J]. J Comput Aided Mol Des, 1996, 10 (5): 427-440.

[58] Jackson R M. Q-fit: a probabilistic method for docking molecular fragments by sampling low energy conformational space [J]. J Comput Aided Mol Des, 2002, 16 (1): 43-57.

[59] Nissink J W, Murray C, Hartshorn M, et al. A new test set for validating predictions of protein-ligand interaction [J]. Proteins, 2002, 49 (4): 457-471.

[60] Laurie A T, Jackson R M. Q-SiteFinder: an energy-based method for the prediction of protein-ligand binding sites [J]. Bioinformatics, 2005, 21 (9): 1908-1916.

[61] Taroni C, Jones S, Thornton J M. Analysis and prediction of carbohydrate binding sites [J]. Protein Eng, 2000, 13 (2): 89-98.

[62] Gutteridge A, Bartlett G J, Thornton J M. Using a neural network and spatial clustering to predict the location of active sites in enzymes [J]. J Mol Biol, 2003, 330 (4): 719-734.

[63] Stahl M, Taroni C, Schneider G. Mapping of protein surface cavities and prediction of enzyme class by a self-organizing neural network [J]. Protein Eng, 2000, 13 (2): 83-88.

[64] Bradford J R, Westhead D R. Improved prediction of protein-protein binding sites using a support vector machines approach [J]. Bioinformatics, 2005, 21 (8): 1487-1494.

[65] Hetenyi C, van der Spoel D. Efficient docking of peptides to proteins without prior knowledge of the binding site [J]. Protein Sci, 2002, 11 (7): 1729-1737.

[66] Morris G M, Goodsell D S, Halliday R S, et al. Automated docking using Lamarckian genetic algorithm and an empirical binding free energy function [J]. J Comp Chem, 1998, 19 (14): 1639-1662.

[67] Dixon J S. Evaluation of the CASP2 docking section [J]. Proteins, 1997, Suppl 1: 198-204.

[68] Katchalski-katzir E, Shariv I, Eisenstein M, et al. Molecular surface recognition: determination of geometric fit between proteins and their ligands by correlation techniques [J]. Proc Natl Acad Sci U S A, 1992, 89 (6): 2195-2199.

[69] Gray J J, Moughon S, Wang C, et al. Protein-protein docking with simultaneous optimization of rigid-body displacement and side-chain conformations [J]. J Mol Biol, 2003, 331 (1): 281-299.

[70] Janin J, Henrick K, Moult J, et al. CAPRI: a critical assessment of predicted interactions [J]. Proteins, 2003, 52 (1): 2-9.

[71] Greer J, Bush B L. Macromolecular shape and surface maps by solvent exclusion [J]. Proc Natl Acad Sci U S A, 1978, 75 (1): 303-307.

[72] Wodak S J, Janin J. Analytical approximation to the accessible surface area of proteins [J]. Proc Natl Acad Sci U S A, 1980, 77 (4): 1736-1740.

[73] Kuntz I D, Blaney J M, Oatley S J, et al. A geometric approach to macromolecule-ligand interactions [J]. J Mol Biol, 1982, 161 (2): 269-288.

[74] Lee R H, Rose G D. Molecular recognition. I. Automatic identification of topographic surface features [J]. Biopolymers, 1985, 24 (8): 1613-1627.

[75] Jiang F, Kim S H. " Soft docking": matching of molecular surface cubes [J]. J Mol Biol, 1991,

219 (1): 79-102.

[76] Helmercitterich M, Tramontano A. Puzzle -a new method for automated protein docking based on surface shape complementarity [J]. J Mol Biol, 1994, 235 (3): 1021-1031.

[77] Salemme F R. An hypothetical structure for an intermolecular electron transfer complex of cytochromes c and b5 [J]. J Mol Biol, 1976, 102 (3): 563-568.

[78] Warwicker J. Investigating protein-protein interaction surfaces using a reduced stereochemical and electrostatic model [J]. J Mol Biol, 1989, 206 (2): 381-395.

[79] Walls P H, Sternberg M J. New algorithm to model protein-protein recognition based on surface complementarity: applications to antibody-antigen docking [J]. J Mol Biol, 1992, 228 (1): 277-297.

[80] Shoichet B K, Kuntz I D. Matching chemistry and shape in molecular docking [J]. Protein Eng, 1993, 6 (7): 723-732.

[81] Vakser I A, Aflalo C. Hydrophobic docking: a proposed enhancement to molecular recognition techniques [J]. Proteins, 1994, 20 (4): 320-329.

[82] Chothia C, Janin J. Principles of protein-protein recognition [J]. Nature, 1975, 256 (5520): 705-708.

[83] Jones S, Thornton J M. Prediction of protein-protein interaction sites using patch analysis [J]. J Mol Biol, 1997, 272 (1): 133-143.

[84] Nooren I M, Thornton J M. Structural characterisation and functional significance of transient protein-protein interactions [J]. J Mol Biol, 2003, 325 (5): 991-1018.

[85] Ofran Y, Rost B. Analysing six types of protein-protein interfaces [J]. J Mol Biol, 2003, 325 (2): 377-387.

[86] Berman H M, Westbrook J, Feng Z, et al. The Protein Data Bank [J]. Nucl Acids Res, 2000, 28 (1): 235-242.

[87] Moreira I S, Fernandes P A, Ramos M J. Hot spots -A review of the protein-protein interface determinant amino-acid residues [J]. Proteins, 2007, 68 (4): 803-812.

[88] Delano W L. Unraveling hot spots in binding interfaces: progress and challenges [J]. Curr Opin Struct Biol, 2002, 12 (1): 14-20.

[89] Hu Z J, Ma B Y, Wolfson H, et al. Conservation of polar residues as hot spots at protein interfaces [J]. Proteins, 2000, 39 (4): 331-342.

[90] Ma B Y, Elkayam T, Wolfson H, et al. Protein-protein interactions: Structurally conserved residues distinguish between binding sites and exposed protein surfaces [J]. Pro Natl Acad Sci U S A, 2003, 100 (10): 5772-5777.

[91] Burgoyne N J, Jackson R M. Predicting protein interaction sites: binding hot-spots in protein-protein and protein-ligand interfaces [J]. Bioinformatics, 2006, 22 (11): 1335-1342.

[92] Fariselli P, Pazos F, Valencia A, et al. Prediction of protein-protein interaction sites in heterocomplexes with neural networks [J]. Eur J Biochem, 2002, 269 (5): 1356-1361.

[93] Koike A, Takagi T. Prediction of protein-protein interaction sites using support vector machines [J]. Pro-

tein Eng Des Sel, 2004, 17 (2): 165-173.

[94] Murakami Y, Jones S. SHARP (2): protein-protein interaction predictions using patch analysis [J]. Bioinformatics, 2006, 22 (14): 1794-1795.

[95] Porollo A, Meller J. Prediction-based fingerprints of protein-protein interactions [J]. Proteins, 2007, 66 (3): 630-645.

[96] Yan C, Dobbs D, Honavar V. A two-stage classifier for identification of protein-protein interface residues [J]. Bioinformatics, 2004, 20 (Suppl 1): i371-378.

[97] Zhou H X, Shan Y B. Prediction of protein interaction sites from sequence profile and residue neighbor list [J]. Proteins, 2001, 44 (3): 336-343.

[98] Ofran Y, Rost B. Predicted protein-protein interaction sites from local sequence information [J]. FEBS Lett, 2003, 544 (1-3): 236-269.

[99] Bradford J R, Needham C J, Bulpitt A J, et al. Insights into protein-protein interfaces using a Bayesian network prediction method [J]. J Mol Biol, 2006, 362 (2): 365-386.

[100] Wang B, Chen P, Huang D S, et al. Predicting protein interaction sites from residue spatial sequence profile and evolution rate [J]. FEBS Lett, 2006, 580 (2): 380-384.

[101] Dong Q, Wang X, Lin L, et al. Exploiting residue-level and profile-level interface propensities for usage in binding sites prediction of proteins [J]. BMC Bioinformatics, 2007, 8: 147.

[102] Chung J L, Wang W, Bourne P E. Exploiting sequence and structure homologs to identify protein-protein binding sites [J]. Proteins, 2006, 62 (3): 630-640.

[103] Liang S D, Zhang C, Liu S, et al. Protein binding site prediction using an empirical scoring function [J]. Nucleic Acids Res, 2006, 34 (13): 3698-3707.

[104] Chen H, Zhou H X. Prediction of interface residues in protein-protein complexes by a consensus neural network method: test against NMR data [J]. Proteins, 2005, 61 (1): 21-35.

[105] Li M H, Lin L, Wang X L, et al. Protein-protein interaction site prediction based on conditional random fields [J]. Bioinformatics, 2007, 23 (5): 597-604.

[106] Li J J, Huang D S, Wang B, et al. Identifying protein-protein interfacial residues in heterocomplexes using residue conservation scores [J]. Int J Biol Macromol, 2006, 38 (3-5): 241-247.

[107] Ofran Y, Rost B. ISIS: interaction sites identified from sequence [J]. Bioinformatics, 2007, 23 (2): e13-16.

[108] Bock J R, Gough D A. Predicting protein-protein interactions from primary structure [J]. Bioinformatics, 2001, 17 (5): 455-460.

[109] Friedrich T, Pils B, Dandekar T, et al. Modelling interaction sites in protein domains with interaction profile hidden Markov models [J]. Bioinformatics, 2006, 22 (23): 2851-2857.

[110] Res I, Mihalek I, Lichtarge O. An evolution based classifier for prediction of protein interfaces without using protein structures [J]. Bioinformatics, 2005, 21 (10): 2496-2501.

[111] Crowley P B, Golovin A. Cation-pi interactions in protein-protein interfaces [J]. Proteins, 2005, 59 (2): 231-239.

[112] Neuvirth H, Raz R, Schreiber G. ProMate: a structure based prediction program to identify the

location of protein-protein binding sites [J]. J Mol Biol, 2004, 338 (1): 181-199.

[113] Cole C, Warwicker J. Side-chain conformational entropy at protein-protein interfaces [J]. Protein Sci, 2002, 11 (12): 2860-2870.

[114] Gabdoulline R R, Wade R C. On the protein-protein diffusional encounter complex [J]. J Mol Recognit, 1999, 12 (4): 226-234.

[115] Sheinerman F B, Norel R, Honig B. Electrostatic aspects of protein-protein interactions [J]. Curr Opin Struct Biol, 2000, 10 (2): 153-159.

[116] Lawrence M C, Colman P M. Shape complementarity at protein/protein interfaces [J]. J Mol Biol, 1993, 234 (4): 946-950.

[117] Mccoy A J, Epa V C, Colman P M. Electrostatic complementarity at protein/protein interfaces [J]. J Mol Biol, 1997, 268 (2): 570-584.

[118] Xu D, Lin S L, Nussinov R. Protein binding versus protein folding: the role of hydrophilic bridges in protein associations [J]. J Mol Biol, 1997, 265 (1): 68-84.

[119] Kufareva I, Budagyan L, Raush E, et al. PIER: protein interface recognition for structural proteomics [J]. Proteins, 2007, 67 (2): 400-417.

[120] De Vries S J, Van Dijk A D, Bonvin A M. WHISCY: what information does surface conservation yield? Application to data-driven docking [J]. Proteins, 2006, 63 (3): 479-489.

[121] Hoskins J, Lovell S, Blundell T L. An algorithm for predicting protein-protein interaction sites: Abnormally exposed amino acid residues and secondary structure elements [J]. Protein Sci, 2006, 15 (5): 1017-1029.

[122] Landau M, Mayrose I, Rosenberg Y, et al. ConSurf 2005: the projection of evolutionary conservation scores of residues on protein structures [J]. Nucleic Acids Res, 2005, 33 (Web Server issue): W299-302.

[123] Bordner A J, Abagyan R. Statistical analysis and prediction of protein-protein interfaces [J]. Proteins, 2005, 60 (3): 353-366.

[124] Wang B, Wong H S, Huang D S. Inferring protein-protein interacting sites using residue conservation and evolutionary information [J]. Protein Pept Lett, 2006, 13 (10): 999-1005.

[125] Yan C H, Hona Var V, Dobbs D. Identification of interface residues in protease-inhibitor and antigen-antibody complexes: a support vector machine approach [J]. Neural Comput Appl, 2004, 13 (2): 123-129.

[126] Chen X W, Jeong J C. Sequence-based prediction of protein interaction sites with an integrative method [J]. Bioinformatics, 2009, 25 (5): 585-591.

[127] Sikic M, Tomic S, Vlahovicek K. Prediction of protein-protein interaction sites in sequences and 3D structures by random forests [J]. Plos Comput Biol, 2009, 5 (1): e1000278.

[128] Keller T H, Pichota A, Yin Z. A practical view of 'druggability' [J]. Curr Opin Chem Biol, 2006, 10 (4): 357-361.

[129] Edelsbrunner H, Mucke E P. Three-dimensional alpha shapes [J]. ACM Transaction on Graphics, 1994, 13 (1): 43-72.

[130] Liang J, Edelsbrunner H, Fu P, et al. Analytical shape computation of macromolecules: II. Inaccessible cavities in proteins [J]. Proteins, 1998, 33 (1): 18-29.

[131] Glaser F, Morris R J, Najmanovich R J, et al. A method for localizing ligand binding pockets in protein [J]. Proteins, 2006, 62 (2): 479-488.

[132] Soga S, Shirai H, Kobori M, et al. Use of amino composition to predict ligand-binding sites [J]. J Chem Inf Model, 2007, 47 (2): 400-406.

[133] Nayal M, Honig B. On the nature of cavities on protein surfaces: Application to the identification of drug-binding sites [J]. Proteins, 2006, 63 (4): 892-906.

[134] Horio K, Muta H, Goto J, et al. A simple method to improve the odds in finding 'lead-like' compounds from chemical libraries [J]. Chem Pharm Bull (Tokyo), 2007, 55 (7): 980-984.

[135] Perola E, Walters W P, Charifson P S. A detailed comparison of current docking and scoring methods on systems of pharmaceutical relevance [J]. Proteins, 2004, 56 (2): 235-249.

[136] Fischer T B, Holmes J B, Miller I R, et al. Assessing methods for identifying pair-wise atomic contacts across binding interfaces [J]. J Struct Biol, 2006, 153 (2): 103-112.

[137] Gunasekaran K, Nussinov R. How different are structurally flexible and rigid binding sites? Sequence and structural features discriminating proteins that do and do not undergo conformational change upon ligand binding [J]. J Mol Biol, 2007, 365 (1): 257-273.

[138] Landon M R, Lancia D R, Yu J, et al. Identification of hot spots within druggable binding regions by computational solvent mapping of proteins [J]. J Med Chem, 2007, 50 (6): 1231-1240.

[139] Morita M, Nakamura S, Shimizu K. Highly accurate method for ligand-binding site prediction in unbound state (apo) protein structures [J]. Proteins, 2008, 73 (2): 468-479.

[140] Breiman L. Random forests [J]. Mach Learn, 2001, 45 (1): 5-32.

[141] 武晓岩, 李康. 随机森林方法在基因表达数据分析中的应用及研究进展 [J]. 中国卫生统计, 2009, 26 (4): 437-440.

[142] 张光亚, 方柏山. 基于氨基酸组成分布的嗜热和嗜冷蛋白随机森林分类模型 [J]. 生物工程学报, 2008, 24 (2): 303-308.

[143] Mihel J, Sikic M, Tomic S, et al. PSAIA -Protein structure and interaction analyzer [J]. BMC Struct Biol, 2008, 8: 21.

[144] Eisenberg D, Mclachlan A D. Solvation energy in protein folding and binding [J]. Nature, 1986, 319 (6050): 199-203.

[145] Wesson L, Eisenberg D. Atomic solvation parameters applied to molecular dynamics of proteins in solution [J]. Protein Sci, 1992, 1 (2): 227-235.

[146] Fauchere J L, Pliska V. Hydrophobic parameters-pi of amino-acid side-chains from the partitioning of N-acetyl-amino-acid amides [J]. Eur J Med Chem, 1983, 18 (4): 369-375.

[147] Sanner M F, Olson A J, Spehner J C. Reduced surface: an efficient way to compute molecular surfaces [J]. Biopolymers, 1996, 38 (3): 305-320.

[148] Bahar I, Atilgan A R, Erman B. Direct evaluation of thermal fluctuations in protein using a single parameter harmonic potential [J]. Fold Des, 1997, 2 (3): 173-181.

[149] Xie L, Bourne P E. A robust and efficient algorithm for the shape description of protein structures and its application in predicting ligand binding sites [J]. BMC Bioinformatics, 2007, 8 (Suppl 4): S9.

[150] Kalidas Y, Chandra N. PocketDepth: A new depth based algorithm for identification of ligand binding sites in proteins [J]. J Struct Biol, 2008, 161 (1): 31-42.

[151] Kabsch W, Sandder C. Dictionary of protein secondary structure: pattern recognition of hydrogen-bonded and geometrical features [J]. Biopolymers, 1983, 22 (12): 2577-2637.

[152] Higa R H, Tozzi C L. A simple and efficient method for predicting protein-protein interaction sites [J]. Genet Mol Res, 2008, 7 (3): 898-909.

[153] Yan C D, Honavar V. Identification of surface residues involved in protein-protein interaction-a support vector machine approach; proceedings of the Proceedings of the Conference on Intellegence System Design Application [C], 2003.

[154] Schmidt T, Haas J, Cassarino TG, Schwede T. Assessment of ligand binding residue predictions in CASP9 [J]. Proteins, 2009, 77: 138-146.

[155] Roche D B, Tetchner S J, McGuffin L J. The binding site distance test score: a robust method for the assessment of predicted protein binding sites [J]. Bioinformatics, 2010, 26: 2920-2921.

[156] Guney E, Tuncbag N, Keskin O, Gursoy A. HotSprint: database of computational hot spots in protein interfaces [J]. Nucleic Acids Res, 2008, 36 (Database issue): D662-666.

[157] Huth J R, Sun C H, Sauer D R, Hajduk P J. Utilization of NMR-derived fragment leads in drug design [J]. Methods Enzymol, 2005, 394: 549-571.

[158] Chou K C. Some remarks on protein attribute prediction and pseudo amino acid composition (50th Anniversary Year Review) [J]. J Theor Biol, 2011, 273: 236-247.

[159] Chou K C, Zhang C T. Review: Prediction of protein structural classes. Crit. Rev. Biochem [J]. Mol Biol, 1995, 30: 275-349.

[160] Chou K C, Shen H B. Review: Recent progresses in protein subcellular location prediction [J]. Anal Biochem, 2007, 370: 1-16.

[161] Chou K C, Shen H B. Cell-PLoc 2.0: An improved package of web-servers for predicting subcellular localization of proteins in various organisms [J]. Natural Science, 2010, 2: 1090-1103

[162] Lin H, Ding H. Predicting ion channels and their types by the dipeptide mode of pseudo amino acid composition [J]. J Theor Biol, 2011, 269: 64-69.

[163] Zakeri P, Moshiri B, Sadeghi M. Prediction of protein submitochondria locations based on data fusion of various features of sequences [J]. J Theor Biol, 2011, 269: 208-216.

[164] Liu T, Jia C. A high-accuracy protein structural class prediction algorithm using predicted secondary structural information [J]. J Theor Biol, 2010, 267: 272-275.

[165] Masso M, Vaisman I I. Knowledge-based computational mutagenesis for predicting the disease potential of human non-synonymous single nucleotide polymorphisms [J]. J Theor Biol, 2010, 266: 560-568.

[166] Zeng Y H, Guo Y Z, Xiao R Q, Yang L, Yu L Z, Li M L. Using the augmented Chou's pseudo

amino acid composition for predicting protein submitochondria locations based on auto covariance approach [J]. J Theor Biol, 2009, 259: 366-372.

[167] Mohabatkar H. Prediction of cyclin proteins using Chou's pseudo amino acid composition [J]. Protein Pept Lett, 2010, 17: 1207-1214.

[168] Ding H, Luo L, Lin H. Prediction of cell wall lytic enzymes using Chou's amphiphilic pseudo amino acid composition [J]. Protein Pept Lett, 2009, 16: 351-355.

[169] Chen C, Chen L, Zou X, Cai P. Prediction of protein secondary structure content by using the concept of Chou's pseudo amino acid composition and support vector machine [J]. Protein Pept Lett, 2009, 16: 27-31.

[170] Matthews B W. Comparison of the predicted and observed secondary structure of T4 phage lysozyme [J]. Biochim. Biophys Acta, 1975, 405: 442-451.

[171] de Vries S J, Bonvin A M. How proteins get in touch: Interface prediction in the study of biomolecular complexes [J]. Curr Protein Pept, 2008, Sc.9: 394-406.

[172] Zhou H X, Qin S B. Interaction-site prediction for protein complexes: a critical assessment [J]. Bioinformatics, 2007, 23: 2203-2209.

[173] Jia J, Liu Z, Xiao X, Chou K C. Identification of protein-protein binding sites by incorporating the physicochemical properties and stationary wavelet transforms into pseudo amino acid composition (iPPBS-PseAAC) [J]. J Biomol Struct, 2016, Dyn. (JBSD) 34: 1946-1961.

[174] Jia J, Liu Z, Liu B, Chou K C. iPPBS-Opt: A Sequence-Based Ensemble Classifier for Identifying Protein-Protein Binding Sites by Optimizing Imbalanced Training Datasets [J]. Molecules, 2016, 21: 95.

[175] Aumentado-Armstrong T T, Istrate B, Murgita R A. Algorithmic approaches to protein-protein interaction site prediction [J]. Algorithms Mol. Biol. , 2015, 10: 7.

[176] Perkins J R. , Diboun I, Dessailly B H, Lees J G, Orengo C. Transient protein-protein interactions: structural, functional, and network properties [J]. Structure, 2010, 18: 1233-1243.

[177] La D, Kong M, Hoffman W, Choi Y I, Kihara D. Predicting permanent and transient protein-protein interfaces [J]. Proteins, 2013, 81: 805-818.

[178] de Vries S J, Bonvin A M. Cport: a consensus interface predictor and its performance in prediction-driven docking with haddock [J]. PLoS One. , 2011, 6: 17695.

[179] Murakami Y, Mizuguchi K. Applying the Naïve Bayes classifier with kernel density estimation to the prediction of protein – protein interaction sites [J]. Bioinformatics, 2010, 26: 1841-1848.

[180] Bendell C J. , Liu S, Aumentado-Armstrong T, Istrate B, Cernek P T, Khan S, Picioreanu S, Zhao M, Murgita R. Transient protein-protein interface prediction: datasets, features, algorithms, and the rad-t predictor [J]. BMC Bioinformatics, 2014, 15: 82.

[181] Fernandez-Recio J, Totrov M, Skorodumov C, Abagyan R. Optimal docking area: a new method for predicting protein – protein interaction sites [J]. Proteins, 2005, 58: 134-143.

[182] Liu W, Chou K C. Prediction of protein structural classes by modified Mahalanobis discriminant algorithm [J]. J. Protein Chem. , 1998, 17: 209-217.

［183］ Chou K C，Liu W，Maggiora G M，Zhang C T. Prediction and classification of domain structural classes ［J］. Proteins, 1998, 31：97-103.

［184］ Chou K C.，Maggiora G M. Domain structural class prediction ［J］. Protein Eng.，1998，11：523-538.

［185］ Chou K C. Prediction of protein cellular attributes using pseudo amino acid composition ［J］. Proteins, 2001, 43：246-255.

［186］ Chou K C.，Elrod D W. Protein subcellular location prediction ［J］. Protein Eng.，1999，12：107-118.

［187］ Chou K C，Elrod D W. Prediction of membrane protein types and subcellular locations ［J］. Proteins，1999，34：137-153.

［188］ Rousseeuw P J，Van Driessen K. A fast algorithm for the minimum covariance determinant estimator ［J］. Technometrics, 1999, 41：212-223.

［189］ Zhang Q C，Deng L，Fisher M，Guan J，Honig B，Petrey D. Predus: a web server for predicting protein interfaces using structural neighbors ［J］. Nucleic Acids Res.，2011，39：283-287.

［190］ Hwang H，Vreven T，Joël Janin，et al. Protein-protein docking benchmark version 3.0.［J］. Proteins, 2010, 78 (15)：3111-3114.

［191］ Chou K C. Using subsite coupling to predict signal peptides ［J］. Protein Eng.，2001，14：75-79.

［192］ Chen C，Peng H，Jian J，Tsai K，Chang J，Yang E，Chen J，Ho S，Hsu W，Yang A. Protein-protein interaction site predictions with three-dimensional probability distributions of interacting atoms on protein surfaces ［J］. PloS one.，2012，7：37706.

［193］ Cheng X，Zhao S G，Xiao X，Chou K C. iATC-mISF: a multi-label classifier for predicting the classes of anatomical therapeutic chemicals ［J］. Bioinformatics，2017，33：341-346.

［194］ Cheng X，Xiao X，Chou K C. pLoc-mVirus: Predict subcellular localization of multi-location virus proteins via incorporating the optimal GO information into general PseAAC ［J］. Gene，2017：628.

［195］ Cheng X，Xiao X，Chou K C. pLoc-mPlant: predict subcellular localization of multi-location plant proteins by incorporating the optimal GO information into general PseAAC ［J］. Mol BioSyst，2017，13 (9)：1722-1727.

［196］ Chou KC. Some Remarks on Predicting Multi-Label Attributes in Molecular Biosystems ［J］. Mol BioSyst，2013，9：1092-1100.

［197］ Peng K，Obradovic Z，Vucetic S，Exploring bias in the Protein Data Bank using contrast classifiers ［J］. Pac Symp Biocomput，2004，9：435-446.

［198］ Sakai H，Tsukihara T，Structures of membrane proteins determined at atomic resolution ［J］. J Biochem，2008，124：1051-1059.

［199］ Wang H，Lin C，Yang F，Hu X，Hedged predictions for traditional chinese chronic gastritis diagnosis with confidence machine ［J］. Comput Biol Med，2009，39：425-432.

［200］ Englund C，Verikas A，A novel approach to estimate proximity in a random forest: An exploratory study ［J］. Expert Syst Appl，2012，39：13046-13050.

[201] Peng Z, Su X, Ge T, Fan J, Propensity Score and Proximity Matching Using Random Forest [J]. Contemp Clin Trials, 2016, 47: 85-92.

[202] Deng L, Guan J, Dong Q, Zhou S, Prediction of protein-protein interaction sites using an ensemble method [J]. BMC Bioinformatics, 2009, 10: 426.

[203] Baldi P, Brunak S, Chauvin Y, Andersen CA, Nielsen H, Assessing the accuracy of prediction algorithms for classification: an overview [J]. Bioinformatics, 2000, 16: 412-424.

[204] de Vries SJ, Bonvin AM, How proteins get in touch: interface prediction in the study of biomolecular complexes [J]. Curr Protein Pept Sci, 2008, 9: 394-406.

[205] Nussinov R, Schreiber G, Computational Protein-protein Interactions [M]. CRC Press, Boca Raton., 2009.

[206] Qin S, Zhou H X. A holistic approach to protein docking [J]. Proteins, 2007, 69 (4): 743-749.

[207] Diller D J, Merz K M. High throughput docking for library design and library prioritization [J]. Proteins, 2001, 43 (2): 113-124.

[208] Chen R, Li L, Weng Z. ZDOCK: an initial-stage protein-docking algorithm [J]. Proteins, 2003, 52 (1): 80-87.

[209] Hubbard S J, Thornton J M. NACCESS. 2.1.1 [J]. Department of Biochemistry and Molecular Biology, University College London, 1993.

[210] Mendez R, Leplae R, Lensink M F, et al. Assessment of CAPRI predictions in rounds 3-5 shows progress in docking procedures [J]. Proteins, 2005, 60 (2): 150-169.